AF453511

AIDE-MÉMOIRE

DE

GÉOLOGIE

CONTENANT

LES CONNAISSANCES INDISPENSABLES
AUX ÉLÈVES DES ÉCOLES SECONDAIRES & AUX INGÉNIEURS

PAR

M. F. CASTELNAU
INGÉNIEUR CIVIL DES MINES

PRÉCÉDÉ D'UNE LETTRE-PRÉFACE A L'AUTEUR

Par le commandant JEANDEL
Chef d'escadron d'artillerie en retraite, ancien professeur à l'École d'application de l'artillerie et du génie de Fontainebleau.

PARIS
LIBRAIRIE CENTRALE DES SCIENCES
MATHÉMATIQUES, ÉLECTRICITÉ, ARTS MILITAIRES ET INDUSTRIELS, AGRICULTURE, ETC.
J. MICHELET
25, Quai des Grands-Augustins (près le pont Saint-Michel)

1889

AIDE-MÉMOIRE

DE

GÉOLOGIE

10371-87. — CORBEIL. Imprimerie CRÉTÉ.

AIDE-MÉMOIRE

DE

GÉOLOGIE

CONTENANT

LES CONNAISSANCES INDISPENSABLES
AUX ÉLÈVES DES ÉCOLES SECONDAIRES & AUX INGÉNIEURS

PAR

M. F. CASTELNAU

INGÉNIEUR CIVIL DES MINES

PRÉCÉDÉ DUNE LETTRE-PRÉFACE A L'AUTEUR

Par le commandant JEANDEL

Chef d'escadron d'artillerie en retraite, ancien professeur à l'École d'application de l'artillerie et du génie de Fontainebleau.

PARIS

LIBRAIRIE CENTRALE DES SCIENCES

MATHÉMATIQUES, ÉLECTRICITÉ, ARTS MILITAIRES ET INDUSTRIELS, AGRICULTURE, ETC.

J. MICHELET

25, Quai des Grands-Augustins (près le pont Saint-Michel)

1889

PRÉFACE DE L'ÉDITEUR

Le petit livre que nous publions aujourd'hui contient les connaissances nécessaires aux élèves des établissements secondaires, ainsi qu'aux Ingénieurs ; il résume, en les précisant, les grandes lignes de cette belle science à laquelle tant de savants français ont attaché leur nom ; le but de l'Auteur sera atteint si ce petit *Aide-Mémoire* parvient à éveiller non seulement chez les jeunes gens, mais encore chez d'autres personnes le goût de la Géologie ; et, à ce sujet, nous ne saurions mieux faire qu'en donnant connaissance à nos lecteurs d'une lettre que le savant professeur *Jeandel* a bien voulu faire parvenir à l'Auteur, et que nous mentionnons ci-contre.

Fontainebleau, le 20 janvier 1889.

Cher Monsieur,

J'ai parcouru votre manuscrit avec un grand intérêt, j'y ai trouvé exposé succinctement, mais clairement, l'ensemble des connaissances géologiques que tout ingénieur doit posséder; sous la forme que vous avez adoptée, c'est un excellent *Aide-Mémoire* pour ceux qui possèdent déjà des connaissances générales, mais dont la mémoire a besoin d'être aidée, ce qui arrive forcément, après quelques années.

Ces notes seront utiles en vue de la préparation des examens des aspirants ingénieurs, elles appelleront leur attention sur les parties qu'ils peuvent avoir négligées pendant la période de leurs études; elles pourront être également d'une grande utilité aux élèves pour compléter au jour le jour les notes qu'ils prennent eux-mêmes à la leçon, et éviter ainsi des lacunes regrettables ou même des erreurs grossières, surtout les erreurs qui portent sur des données numériques, toujours difficiles à recueillir avec certitude par des élèves qui sont pour ainsi dire forcés de les saisir au vol.

Tout à vous de cœur,

Signé : JEANDEL.

INDEX BIBLIOGRAPHIQUE (1)

BARROIS (Ch.). — **Recherches sur le terrain crétacé supérieur de l'Angleterre et de l'Irlande.** 1 vol. in-4, avec 2 cartes et 1 pl. de coupes géologiques, 1877.

BAYLE. — **Cours de minéralogie et de géologie**, fait à l'École des ponts et chaussées, 1re partie, grand in-4, 1880.

BEUDANT. — **Cours élémentaire de minéralogie et de géologie.** 17e édition, 1 vol. in-12, br., avec 800 fig., 1886.

BRIART (A.). — **Principes élémentaires de paléontologie.** 1 vol. in-12, br., avec fig., 1883.

BURAT. — **Géologie de la France.** 1 vol. grand in-8, br., avec nomb. fig., 1874.

CASTELNAU (P.-D.). — **Essai sur le système silurien de l'Amérique septentrionale.** 1 vol. in-4, avec 27 pl., 1843.

CHAPER (M.). — **Note sur la région diamantifère de l'Afrique australe**, suivie d'un tableau résumant les études faites par MM. Fouqué et Michel Lévy sur les roches rapportées de l'Afrique australe par l'auteur. 1 vol. in-8, br., avec 4 plans et 8 pl. photolithogr., 1880.

CONTEJEAN. — **Éléments de géologie et de paléontologie.** 1 vol. in-8, cart., avec 467 fig., 1874.

CROISIERS DE LACVIVIER. — **Études géologiques sur le département de l'Ariège**, et en particulier sur le terrain crétacé. 1 vol. grand in-8, br., avec fig. et 5 pl., 1884.

DANA (J.-D.). — **Manuel du géologue.** Traduit et adapté de l'anglais, par G. Houtlet. 2e édition., 1 vol. in-12, br., avec 363 fig.

DESCLOISEAUX. — **Cours de minéralogie**, t. I et II, 1re partie. 2 vol. in-8, avec atlas, 1862-74.

DEWALQUE (G.). — **Prodrome d'une description géologique de la Belgique.** 1 vol. in-8, br., 1880.

DOLLFUS. — **Essai sur l'étendue des terrains tertiaires dans le bassin anglo-parisien**, et esquisse des terrains tertiaires de la Normandie. In-8, br., avec fig., 1880.

DORLHAC. — **Esquisse géologique** du département de la Lozère. Gr. in-8, avec pl., 1860.

(1) La librairie **J. Michelet** se chargera de fournir toutes ces publications aux personnes qui lui en feront la demande.

DRAPIEZ. — **Guide pratique de minéralogie usuelle**, ou exposition succincte et méthodique des minéraux, de leurs caractères, de leur composition chimique, de leurs gisements, et leurs applications aux arts et à l'industrie. 2 vol. in-12, br., avec nomb. figures.

DUFRÉNOY (A.). — **Traité de minéralogie**. 2e édition, 5 vol. in-8, br., dont 1 atlas de 232 pl., 1856-59.

DUFRÉNOY et ÉLIE DE BEAUMONT. — **Explication de la carte géologique de la France**. 2 vol. in-4, rel., avec figures, cartes et un tableau d'assemblage de la carte géologique de France, collé sur toile et colorié, 1841-43.

ÉLIE DE BEAUMONT (L.). — **Notice sur les systèmes de montagne**. 3 vol. in-18, rel., avec 5 pl., 1852.

FISCHER (Dr Paul). — **Manuel de conchyliologie et de paléontologie conchyliologique. Histoire naturelle des mollusques vivants et fossiles**. Paris, 1886. 1 vol. gr. in-8 de 1200 pages, avec 1000 gravures dans le texte et 23 planches contenant 600 figures dessinées par Woodward et une carte col. des régions malacologiques.

FOUQUÉ (F.). — **Les tremblements de terre**. 1 vol. in-12, br., avec 50 fig., 1889.

FOUQUÉ et LÉVY. — **Synthèse des minéraux et des roches**. 1 vol. in-8, br., avec 1 pl. en photochromie, 1882.

GRAND'EURY. — **Flore carbonifère du département de la Loire et du centre de la France**. 2 vol. et atlas in-4, avec une grande carte d'étude du bassin houiller de la Loire, imprimée en 6 couleurs, 34 pl. et 4 tabl. de végétation, 1877.

JACQUOT. — **Esquisse géologique** de la Serrania de Cuença (Espagne). In-8 et planches, 1866.

JANNETTAZ (Ed.). — **Guide pratique pour la détermination des roches**, avec les connaissances de lithologie nécessaires pour y parvenir. 2e édition. 1 vol. in-12, cart., avec plusieurs centaines de gravures et 8 pl. coloriées, 1884.

KNAB (L.). — **Les minéraux utiles et l'exploitation des mines**. 1 vol. in-12, br., avec fig., 1888.

KOBELL. — **Les minéraux**. Guide pratique pour leur détermination sûre et rapide au moyen de simples recherches chimiques par voie sèche et par voie humide. Traduit par L. de la Tour du Pin, avec additions par Pisani. 3e édition. 1 vol. in-12, cart., 1879.

LANDRIN. — **Dictionnaire de minéralogie, de géologie et de métallurgie**. 1 vol. in-12, br., 1864.

LAPPARENT (A. de). — **La géologie en chemin de fer.** Description géologique du bassin parisien et des régions adjacentes.

1 vol. in-12, cart., avec une carte géologique du bassin de Paris, une carte hypsométrique et une feuille de coupes. 1888.

LAPPARENT (A. de). — **Traité de géologie.** 2e édition. revue et très augmentée. Paris, 1885, 1 vol. gr. in-8 de xvi-1504 pages, avec 666 figures dans le texte.

— **Abrégé de géologie.** Paris, 1886. 1 vol. in-18 de 300 pages, avec 150 gravures dans le texte et une carte géologique de la France imprimée en couleur.

— **Cours de minéralogie.** Paris, 1884. 1 vol. gr. in-8 de 560 pages, avec 519 gravures dans le texte et une planche chromolithographiée.

LEYMERIE (A.). — **Éléments de minéralogie et de lithologie.** 3e édition, 1 vol. in-12, br., avec 109 fig., 1879.

— **Éléments de géologie.** 4e édition. 1 vol. in-12, broché, avec 400 fig., 1878.

— **Cours de minéralogie.** 3e édition. 2 vol. in-8, br., avec 352 figures, 1880.

LYELL. — **L'ancienneté de l'homme prouvée par la géologie**, et remarques sur les théories relatives à l'origine des espèces par variation. 2e édition, augmentée d'un précis de paléontologie humaine, par E. Hamy. 1 vol. in-8, br., avec 182 fig., 1870.

LYELL (Ch.). — **Principes de géologie**, ou illustrations de cette science, empruntés aux changements modernes que la terre et ses habitants ont subis. Traduit de l'anglais sur la 10e édition, par M. Ginestou. 2 vol. in-8, br., 1873.

— **Éléments de géologie** ou changements de la terre et de ses habitants, tels qu'ils sont représentés par les monuments géologiques. Traduit de l'anglais par M. Ginestou. 2 vol. in-8, br., avec 770 fig.

— **Abrégé des éléments de géologie.** Traduit par M. Ginestou. 1 fort vol. in-12, br., avec 644 fig.

MALAISE (C.). — **Manuel de minéralogie pratique.** 2e édition. 1 vol. in-12, br., avec 141 fig., 1881.

MEUNIER (Stanislas). — **Lithologie.** In-8, avec vignettes, relié, 1872.

— **Traité de paléontologie.** Description et figures des animaux et végétaux fossiles; excursions paléontologiques en France; moyens pour extraire et préparer les fossiles. 1 vol. in-12, cart., avec 1000 fig. et cartes coloriées.

— **Géologie des environs de Paris**, ou description des terrains et énumération des fossiles qui s'y rencontrent; suivie d'un index géographique des localités fossilifères (Cours professé au Muséum d'histoire naturelle). 1 vol. in-8, br., avec 112 fig., 1875.

MICHEL LÉVY (A.), ingénieur en chef des Mines. — **Les Minéraux des Roches,** application des méthodes minéralogiques et chimiques à leur étude microscopique. 1 vol. gr. in-8, br., contenant 218 figures dans le texte et 1 pl. coloriée, 1888.

MORGAN (J. de). — **Géologie de la Bohême**. 1 vol. in-8, cart., avec 39 fig. dans le texte, 7 pl. hors texte et 4 cartes géolog. en couleurs, 1882.

ORBIGNY (Alcide d'). — **Cours élémentaire de paléontologie et de géologie stratigraphiques**. 3 vol. in-12, rel., avec 628 fig. et 1 atlas in-4, 1849-51.

— **Prodrome de paléontologie stratigraphique universelle,** faisant suite au *Cours élémentaire de paléontologie et de géologie stratigraphiques*. 3 vol. gr. in-18, br., 1850-52.

PAGE (le Dr). — **Traité de géologie technologique**, et de ses applications aux arts et à l'industrie. Traduit par St. MEUNIER. 1 vol. in-12, cart., avec 80 fig., 1877.

PERSIFLOR-FRASER. — **Mémoire sur la géologie de la partie sud-est de la Pensylvanie**. 1 vol. petit in-4, 1882.

PICTET (F.-J.). — **Traité de paléontologie**, ou Histoire naturelle des animaux fossiles considérés dans leurs rapports zoologiques et géologiques, par F.-J. PICTET, professeur à l'Académie de Genève. 2e édition. Paris, 1853-57, 4 vol. in-8, avec 1 atlas de 110 pl., gr. in-4.

PISANI. — **Traité élémentaire de minéralogie**, avec une préface de M. DESCLOIZEAUX. 1 vol. in-12, br., avec 192 fig., 1883.

RAULIN (V.). — **Statistique géologique du département de l'Yonne**. 1 vol. gr. in-8, br., avec carte et tableaux, 1858.

RÉSAL (H.). — **Statistique géologique, minéralogique et métallurgique du Doubs et du Jura**. 1 vol. in-8, 1864.

RIBEIRO (C.). — **Description du terrain quaternaire des bassins du Tage et du Sado**. 1 vol. gr. in-4, avec carte, 1866.

SAINTE-CLAIRE DEVILLE (Ch.). — **Coup d'œil historique sur la géologie et les travaux d'Élie de Beaumont**. 1 vol. in-8, br., 1878.

SCROPE (P.). — **Les Volcans**, leurs caractères et leurs phénomènes, avec un catalogue descriptif de toutes les formations volcaniques aujourd'hui connues. 1 vol. in-8, br., avec fig. et 2 pl. col., 1864.

VELAIN (Ch.). — **Premières notions de géologie**. Paris, 1882. 1 vol. in-18 de 216 pages, avec 142 gravures dans le texte.

AIDE-MÉMOIRE

DE GÉOLOGIE

GÉNÉRALITÉS.

La **géologie**, en général, est une science qui a pour objet l'étude des terrains dont se compose la croûte terrestre.

Elle comprend :

1° *La géographie* physique, qui fait connaître l'aspect extérieur de la terre.

2° *La minéralogie*, qui s'occupe de l'étude des divers matériaux au point de vue de leur constitution propre.

3° *La géognosie*, qui s'occupe de l'arrangement de ces matériaux et de leur groupement.

4° *La météorologie*, qui s'occupe des phénomènes qui se produisent dans l'enveloppe gazeuse de la terre.

5° *La géogénie*, qui essaye d'expliquer la formation de la terre.

Les terrains formant la croûte terrestre ont été classés génériquement suivant leurs divers caractères.

Les caractères *stratigraphiques* sont basés sur la discordance de stratification.

Les caractères *paléontologiques* constituent l'étude des animaux et des plantes ayant vécu aux divers âges géologiques et dont l'existence ne nous est révélée que par leurs restes fossilisés.

DE LA TERRE.

La Terre est un globe isolé dans l'espace et obéissant à diverses impulsions, dont les plus remarquables sont :

1° Celle qui lui communique son mouvement giratoire autour du soleil ;

2° Celle à laquelle il doit son mouvement de rotation autour de son axe.

3° Le mouvement séculaire de l'axe de la terre dont l'extrémité décrit un cercle en 260 siècles : ce mouvement est celui de la *précession des équinoxes.*

4° Un mouvement, nommé *nutation*, dû à l'action de la lune, qui fait décrire à l'axe du monde de petites ellipses.

5° Un mouvement d'oscillation faisant varier *l'obliquité de l'écliptique.*

6° Un mouvement qui fait varier la courbe décrite par notre planète autour du soleil, appelé *variation de l'excentricité.*

7° Un mouvement qui fait varier le périhélie.

8° Un mouvement de perturbation dû à l'attraction variable des planètes.

9° Un mouvement qui déplace le soleil du foyer géométrique de l'ellipse terrestre.

10° Un mouvement colossal entraînant, dans l'infini, le soleil, la terre et toutes les autres planètes.

La terre accomplit son mouvement giratoire autour du soleil (année sidérale), en 365 jours, 6 heures, 9 minutes 11 secondes, et son mouvement de rotation autour de son axe en 23 heures, 56 minutes, 4 secondes. C'est ce que l'on appelle le jour *sidéral*. Le jour solaire est plus grand de 3 minutes 56 secondes, que le jour sidéral.

L'écliptique, plan de l'orbite terrestre, fait actuellement, avec l'équateur, un angle de 23°, 27'. Leurs deux points de rencontre sont les *équinoxes*.

La distance moyenne de la terre au soleil est de 148 millions de kilomètres ; cette distance est parcourue en 8 minutes et quelques secondes par la lumière. Le diamètre apparent du soleil est de 32°, 30'.

L'axe de la terre se déplace en décrivant un cône. La vitesse de la terre, dans sa révolution autour du soleil, est de 29 450 mètres par seconde.

La densité *moyenne* du globe est de 5,67 (Bailly) (1).

Le globe est légèrement aplati aux pôles ; cet aplatissement est de 1/300e du rayon à l'équateur. (Le calcul théorique de cet aplatissement a donné 1/309e).

Rayon de l'équateur....	6 376 986	mètres.
— du pôle........	6 356 324	—
Surface du globe......	5 094 321	myr. carrés.
Volume...............	1 079 235 800	— cubes.

(1) Cette densité suit une progression croissante à mesure qu'on s'approche du centre de la terre.

La surface du globe étant représentée par 1, les surfaces des continents sont représentés par :

Asie	0,08873
Afrique	0,05968
Amérique (nord)	0,05059
Amérique (sud)	0,03464
Europe	0,01665
Australie	0,01573
Total	0,26602

La partie centrale du globe est en fusion : cet état nous est révélé :

1° Par les éruptions volcaniques ;

2° Par les sources thermales ;

3° Par l'accroissement proportionnel de la température à mesure qu'on se rapproche du centre de la terre ; accroissement évalué par divers expérimentateurs à 1 degré par chaque 29 mètres, 33 mètres et 41 mètres 8 centimètres de profondeur. Il est toutefois probable que cet accroissement de température n'obéit à aucune loi bien rigoureuse ; pour qu'il en fût ainsi, il faudrait, en effet, admettre : 1° que le pouvoir de conductibilité est constant à travers l'écorce terrestre, 2° que cette écorce solide a une épaisseur uniforme.

L'épaisseur de la croûte solide n'est qu'une faible fraction du rayon du globe (la 130e partie environ).

Le refroidissement de la terre, quoique très lent, n'est pas contestable. C'est par ce refroidissement progressif et lent que la terre a passé de l'état fluide à l'état solide en traversant un état intermédiaire durant lequel s'est produit l'aplatissement aux pôles :

aplatissement dû à la force centrifuge développée par la rotation de la terre autour de son axe.

L'une des conséquences de ce refroidissement est l'accroissement d'épaisseur de la croûte terrestre que tendent à expliquer les extinctions volcaniques.

L'action des rayons calorifiques du soleil sur la terre a pour effet de retarder ce refroidissement.

Atmosphère. — L'atmosphère est la couche d'air qui entoure le globe terrestre. Cette atmosphère fait équilibre, sur le bord de la mer, à une colonne de mercure de 76 centimètres, ce qui, *à priori*, pourrait laisser supposer que l'épaisseur de l'atmosphère n'est que de 7 950 mètres. Mais la densité de l'air obéit à la loi générale, et est d'autant plus faible qu'on s'éloigne du centre de la terre. On a évalué diversement cette épaisseur d'air; d'aucuns prétendent qu'elle est de 60 à 64 kilomètres. MM. Bravais et Martins ont fixé la limite supérieure de l'atmosphère à 115 kilomètres au-dessus du niveau de la mer.

Une expérience, faite durant l'éclipse de lune de l'année 1884 par M. Flammarion à son observatoire de Juvisy, aurait donné pour l'épaisseur de l'atmosphère *360 kilomètres* (1).

(1) On détermine l'altitude d'un point à l'aide de la formule barométrique suivante :

$$D = 18393 \left(1 + \frac{2\,(T + t)}{1000}\right) \log \frac{H}{h}$$

où D est *la distance verticale*, des points de départ et d'arrivée H et h — la hauteur barométrique aux stations inférieure et supérieure T et t, les températures à ces stations à la même heure.

MODIFICATIONS DU GLOBE.

La structure du globe terrestre est sujette à des modifications dont les causes peuvent se diviser en *causes anciennes* et causes actuelles.

Causes anciennes. — Tout porte à croire que l'état primitif de la terre était tel que les matières qui la composent étaient à l'état gazeux et qu'il s'est produit ce phénomène général du passage successif de l'état gazeux à l'état liquide et de ce dernier à l'état solide par voie de coagulation due au refroidissement.

Le refroidissement amenant l'état solide a favorisé les précipitations aqueuses de l'atmosphère qui ont permis cet équilibre, depuis lors maintenu, entre l'action solaire et la chaleur propre de la terre.

Une cause autre de modification réside dans l'état « craquelé » de cette croûte après son complet refroidissement.

Enfin la contraction générale qu'entraîne tout refroidissement et qui a été l'origine du soulèvement des montagnes.

Causes actuelles. — Parmi les causes actuelles on remarque :

L'action mécanique et l'action chimique et de dissociation.

Action mécanique. — L'action mécanique comprend : les transports dus aux vents, aux cours d'eau, à la mer, aux éruptions volcaniques et aux tremblements de terre.

Action chimique. — L'action chimique et de dissociation comprend : l'action simultanée de la pluie et du soleil ; l'action simultanée du chaud et du froid, produisant des dissociations de roches ;

Enfin les décompositions chimiques et les reconstitutions (actions de l'acide carbonique, dépôts calcaires de stalactites, stalagmites, pétrifications).

RÉGIME DES FLEUVES ET DES RIVIÈRES.

Pente. — La pente des rivières est très variable; on a cependant remarqué que cette pente va en diminuant depuis la source jusqu'à l'embouchure.

L'eau coule facilement sur une pente de 1 millimètre par mètre. Ainsi, le canal de l'*Ourcq*, conduisant les eaux à Paris a, sur une longueur de 96 kilomètres, une pente de 0^{m},0001056 par mètre.

La majeure partie des fleuves coulent sur des pentes encore bien plus faibles.

Pentes de quelques fleuves ou rivières.

Le Pô (fin de son cours).............	0^{m},000 033	*p. m.*
— (confluent du Tessin)..........	0^{m},000 300	—
Le Rhin (fin de son cours)............	0^{m},000 039	—
— (à Strasbourg)...............	0^{m},000 610	—
Le Mississipi.......................	0^{m},000 474	—
Le Rhône (fin de son cours)..........	0^{m},000 039	—
— (à Avignon)................	0^{m},000 409	—
— (au Parc, à Lyon)...........	0^{m},000 954	—
La Seine (à Rouen).................	0^{m},000 087	—
— (à Paris, pont de la Tournelle).	0^{m},000 109	—
Le Doubs (Besançon)...............	0^{m},001	—
L'Aqueduc de Montpellier............	0^{m},000 28	—

(1) Ces pentes ont été mesurées sur certains points et ne sont pas les pentes moyennes des lits.

La Meurthe	0m,00167 p. m.
La Durance	0m,002102 —
L'Isère (à Tignes)	0m,00931 —
La Möhl (en Carinthie)	0m,017455 —

Les torrents acquièrent leur véritable puissance sur des pentes de 60 millimètres par mètre.

Vitesse des eaux. — Ces vitesses sont très variables, même pour une même rivière.

Outre les variations dues aux différentes pentes, il y a, dans la période des crues, un accroissement considérable de vitesse.

		Vitesse à la surface.	
La Seine. —	En eaux basses	0m,50	p. s.
	Dans les crues	2 à 3m	—
Le Rhône. —	En étiage à Lyon	0m,50 à 1m,50	—
	Dans les crues	4 à 5m	—
Le Rhin. —	Eaux basses	1m,50	—
	Dans les crues	2m,85	—
	Vitesse moyenne	1m,54	—
Le Nil. —	Vitesse moyenne	1m,54	—
Le Gange. —	Vitesse moyenne	1m,54	—
	En période de crues	3m,60 à 4m,11	—
Le Mississipi. —	(Entre l'Ohio et l'Arkansas)	0m,96 à 1m,07	—
	Dans les crues	1m,92 à 2m,14	—

Il est très rare que la vitesse d'une rivière soit plus que triplée en période de crue.

Les courants marins ont une vitesse moyenne de 1 mètre à 1m,611 par seconde.

Les courants dus aux marées atteignent une vitesse de 4^{m}, 63 à 6^{m}, 25 par seconde.

Les torrents ont une vitesse atteignant 14 mètres par seconde. Vitesse presque égale à celle des vents impétueux, qui est de 15 mètres par seconde.

Débits.

L'Hérault.	— débite, à l'étiage.......	20	m. c.	p. s.
La Garonne.	— A l'étiage..............	80	—	—
	État habituel...... ...	150	—	—
La Seine.	— A l'étiage.............	74	—	—
	État habituel..........	130	—	—
	En crue...............	1 384	—	—
	Module (débit général moy.), p. une année.	254^{mc},62		—
La Loire.	— (A Orléans), à l'étiage...	30	—	—
	État habituel..........	132	—	—
	En crue au-dessous d'Angers............	10 000	—	—
Le Rhône.	— (A Genève), très basses eaux...............	150	—	—
	(A Lyon, avant le point où la Saône s'y jette) eaux basses..............	250	—	—
	Eaux moyennes.......	600	—	—
	Crues.................	3 000	—	—
	(A Avignon), très basses eaux.......	456	—	—
	Crues.................	12 000	—	—
	à son embouchure, basses eaux....... ..	500	—	—
	Crues.................	14 000	—	—
Le Rhin.	— (A Strasbourg), basses eaux.....	380	—	—

	État moyen............	956	m. c.	p. s.
	Crues.................	4 685	—	—
	Module à Strasbourg...	1 084	—	—
Le Pô.	— Module, près de Ferrare.	1 720	—	—
L'Adda.	— Module...............	186m⁰,85		—
Le Nil.	— (En Égypte), basses eaux	782	—	—
Le Gange.	— (A Ghazipour), basses eaux.................	1 019	—	—
	Eaux moyennes........	2 016	—	—
	Crues.................	13 993	—	—
Le Mississipi.	— Embouchure...........	8 610	—	—
Le Saint-Laurent	(indépendamment du *Saguenay* et de *l'Ottowa*). Module...............	13 100	—	—

La vitesse de l'eau, dans une rivière, est moindre dans le voisinage des parois latérales et du fond du lit que dans le voisinage de sa surface libre.

M. de Prony a pensé que dans la pratique on avait la vitesse moyenne d'un courant d'eau en diminuant d'un cinquième celle de la surface.

L'équation fondamentale du mouvement de l'eau dans les canaux est :

$$p = a \frac{C}{S} (v^2 + bv).$$

v — vitesse moyenne.
p — pente.
c — périmètre mouillé.
s — section de la rivière.
a (constante) $= 0{,}00036554$.
b (constante) $= 0{,}06638$.

Matières entraînées.	Vitesse du courant.
L'argile..............................	0m,08 p. s.
Le sable fin..........................	0m,16 —
Le gravier gros comme des pois........	0m,19 —
Le gravier gros comme des fèves.......	0m,32 —
Galets d'un pouce de diamètre.........	0m,65 —
Galets gros comme des œufs de poule...	1m,00 —

C'est la vitesse des filets de contact, ce qui suppose, à la surface, une vitesse *à peu près double.*

SYSTÈMES DE MONTAGNES.

Systèmes. — M. de Beaumont a classé les montagnes de l'Europe occidentale en vingt systèmes, qui sont :

1° Système de la Vendée.

2° Système du Finistère.

3° Système du Longmynd (ouest de l'Angleterre).

4° Système du Morbihan.

5° Système du Westmoreland et du Hundsruck.

6° Système des Ballons et des collines du Bocage normand.

7° Système du Forez.

8° Système du nord de l'Angleterre.

9° Système des Pays-Bas et du sud du pays de Galles.

10° Système du Rhin.

11° Système du Thuringerwald, du Bœhmerwald et du Morvan.

12° Système du mont Pilas, de la Côte-d'Or et de l'Erzgebirge.

13° Système du Vercors.

14° Système du mont Viso et du Pinde.

15° Système des Pyrénées.

16° Système des îles de Corse et de Sardaigne.

17° Système de l'île de Wight, du Tatra, du Rilo-Dagh et de l'Hœmus.

18° Système du Sancerrois et de l'Erymanthe.

19° Système des Alpes occidentales.

20° Système de la chaîne principale des Alpes.

Réseau pentagonal. — La surface de la sphère a été divisée en quinze grands cercles constituant le réseau pentagonal.

GLACIERS.

Les glaciers sont des amas de glace ayant leur origine dans la région des neiges perpétuelles, et se prolongeant dans les vallées.

La partie inférieure de ces glaciers se compose de glace compacte.

La partie supérieure est à l'état de *Névé*, état intermédiaire entre la neige pulvérulente et la glace compacte.

La glace possède la propriété d'être moulée sous pression, si donc, on tient compte des épaisseurs considérables (100 mètres), de neige déposées sur les hautes montagnes et des pressions inférieures, on se fera facilement une idée des glaciers. Cette glace formée à la suite de ce moulage s'étend dans les vallées où elle prend des formes diverses jusqu'au point où une température plus élevée en détermine la fonte.

La température des glaciers est toujours très voisine de 0°.

Les *moraines* sont d'immenses digues composées de détritus de roches transportés par les glaciers.

ROCHES.

On appelle *roches* les masses minérales dont est formée l'écorce terrestre se présentant sous un volume assez considérable pour motiver une étude spéciale.

Les roches ont été divisées en trois grandes classes (d'Halloy).

1° Roches métalliques.

2° Roches pierreuses.

3° Roches combustibles.

ROCHES MÉTALLIQUES.	*Roches cuivreuses.*	Chalkopyrite.
	Roches zinciques.	Calamines.
	Roches ferrugineuses.	Pyrites.
		Magnétite.
		Oligiste.
		Limonite.
		Sidérose.
	Roches manganiques.	Pyrolusite.
		Acerdèse.
		Rhodonite.

Roches cuivreuses. — Les pyrites de cuivre fusibles au chalumeau, émail jaune.

Roches zinciques (calamines). — Carbonates et silicates de zinc se trouvent cristallisés. On en extrait le zinc, on en prépare même directement le laiton en les traitant avec du cuivre.

Roches ferrugineuses. — Pyrites de fer et pyrites

aurifères. Éclat métallique, jaune, on en retire le soufre.

La magnétite, fer oxydé-aimant.

L'*oligiste*. — Oligiste spéculaire de l'île d'Elbe, oligiste rouge plus commun.

La *limonite* (hématite brune). — Devient rouge par la calcination (très commune).

Le *sidérose* (fer spathique). — Donne du fer malléable, facile à traiter.

Roches manganiques ou à base de manganèse.

Le pyrolusite. — Éclat métallique, sert à la préparation du chlore employé dans les fabriques de toile et blanchisseries. On en nettoie le verre (savon des verriers). On en extrait l'oxygène pour les laboratoires.

L'acerdèse. — Accompagne souvent le pyrolusite, couleur noire, mêmes usages.

Le rhodonite, ou manganèse rose. — Est susceptible d'être poli, on en fait des objets d'art.

ROCHES PIERREUSES.

- 1° *Roches silicées ou quartzeuses* : [illegible], Quartzite, Grès, Sable, Silex, Jaspe, Tripoli, Psammite, Macigno, Gompholite, Poudingue, Arkose.
- 2° *Roches silicatées* :
  - Grenatiques : Grenat, Eclogite.
  - Amphigéniques : Amphigénite.
  - Feldspathiques : Orthose, Labradorite, Pegmatite, Granite, Syénite, Protogine, Leptynite, Eurite, Porphyre, Pyroméride, Argilophyre, Argilolite, Saussurite, Euphotide, Granitone, Variolite, Hyperstènite, Phonolite, Trachyte, Domite, Trass, Ponce, Perlite, Rétinite, Obsidienne, Téphrine.
  - Micaciques : Micaschistes, Gneiss, [illegible].
  - Amphiboliques : Diorite, Aphanite, Hémithrène.
  - Pyroxéniques : Dolérite, Mélaphyre, Trapp, Basalte, Spilite, Vake, Pépérine.
  - Péridotiques : Lherzolite.
  - Talqueuses : Stéachiste, Ophiolite, Magnesite, Klebschiefer.
  - Chloritiques : Chlorite.
  - Schisteuses : Phyllade, Coticule, Schiste, Amysélite, Calschiste, Porcellanite, Pséphite.
  - Argileuses : Argile, Smectite, Limon, Marne, Ocre, Sanguine, Argilite, Kaolin.
- 3° *Roches fluorurées* : Fluorine.
- 4° *Roches chlorurées* : Sel marin.
- 5° *Roches sulfatées* :
  - Alumiques : Alunite.
  - Barytiques : Barytine.
  - Gypseuses : Karsténite, Gypse.
- 6° *Roches carbonatées* :
  - Calcareuses : Calcaire, Cipolin, Ophicalce, Dolomie, Giobertite.

Roches quartzeuses. — Ces roches silicées ou quartzeuses renferment la silice à l'état libre.

Le *quartzite.* — Est une roche à base de quartz susceptible d'affecter diverses colorations et contenant parfois des minéraux; employé comme pierre à aiguiser, comme pavé.

Le *grès.* — Roche à base de quartz grésiforme affectant diverses colorations; recherché pour les pavés.

Le *sable.* — Roche à base de quartz à l'état arénacé blanc lorsqu'il est pur; employé dans la fabrication du verre.

Le *silex.* — Trois genres : 1° le pyromaque ou pierre à fusil;

2° Le silex corné;

3° La meulière ou pierre à meule très poreuse.

Le *jaspe.* — Opaque; parfois employé comme pierre ornementale.

Le *tripoli.* — Débris de carapaces d'animaux infusoires.

Le *psammite* (grès houiller). — Roche à base de grès et d'argile, très abondant; employé dans la construction.

Le *macigno.* — Roche à base de grès, d'argile et de calcaire souvent micacé; employé dans la construction.

Le *gompholite.* — Conglomérat à base de macigno renfermant du quartz.

Le *poudingue.* — Fragments quartzeux à ciment quartzeux ou quartzo-argileux non calcarifère.

L'*arkose.* — Roche composée de quartz en majeure partie et de feldspath.

Roches silicatées.

ROCHES GRENATIQUES.

Grenat. — Pierre précieuse, rayant le quartz.

Eclogite. — Roche à base phanérogène composée de grenat et d'actinote ; se rencontre dans le gneiss, le micaschiste, le diorite.

ROCHES AMPHIGÉNIQUES.

L'*amphigénite.* — Amphigène et pyroxène mélangés. Les cristaux d'amphigène sont blancs, ceux de pyroxène noirs.

ROCHES FELDSPATHIQUES.

Se distinguent des roches quartzeuses par leur fusibilité.

Orthose. — Ou feldspath proprement dit, clivage facile parallèlement à un prisme rhomboïdal.

Le *labradorite.* — Ou pierre du Labrador, se clive en donnant un prisme rhomboïdal oblique.

La *pegmatite.* — Roche à base phanérogène composée de feldspath et de quartz.

Le *granite.* — Roche à base phanérogène composée de feldspath, de quartz et de mica ; pierre décorative très compacte et pouvant être exploitée en blocs considérables.

La *syénite.* — Roche à base phanérogène composée de feldspath et de hornblende.

La *syénite granitique.* — Composée comme la précédente avec addition de quartz et mica ; matière dont ont été faits les obélisques égyptiens.

La *protogine.* — Roche à base phanérogène composée d'orthose, d'oligoklase, de mica et de talc. Se trouve en masses considérables dans le mont Blanc.

Leptynite. — Feldspaths alcalins.

Eurite. — Roche composée de feldspaths alcalins ; a donné à l'analyse :

Silice	6,0
Alumine	2,2
Potasse	1,0
Chaux	0,08

Porphyre. — Cristaux d'orthose avec ciment d'eurite, pierre décorative très dure.

Pyroméride. — Composée d'eurite intimement liée au quartz.

Argilophyre. — Cristaux de feldspath avec pâte d'argilolite.

Argilolite. — Paraît résulter de la décomposition de l'eurite.

La *saussurite.* — L'analyse a donné à Klaproth :

Silice	4,9
Alumine	2,4
Chaux	1,05

Soude	0,55
Magnésie	0,37
Oxyde ferreux	0,65

L'*euphotide*. — Roche composée de saussurite et d'amphibole, pierre décorative.

Le *granitone*. — Roche phanérogène composée de saussurite et de diallage, pierre décorative.

La *variolite*. — Saussurite et diallage en masses, contenant ces deux éléments principaux sous diverses proportions, ainsi que de l'amphibole, du pyroxène et de l'épidote.

L'*hypersténite*. — Roche composée de saussurite et d'hyperstène.

Le *phonolite*. — Roche composée de feldspaths et de zéolites; fusible en émail blanc.

Le *trachyte*. — Roche formée de feldspaths généralement mélangés d'orthose.

La *domite*. — Analysée par Berthier; a donné :

Silice	6,10
Alumine	1,92
Potasse	1,15
Oxyde ferreux	0,42
Magnésie	0,16
Eau	0,20

Constitue l'élément dominant du Puy-de-Dôme.

Le *trass*. — Roche composée de feldspaths alcalins; a une très grande analogie avec la ponce.

La *ponce*. — Analysée par Berthier a donné :

Silice	7,00
Alumine	1,60
Potasse	0,65
Chaux	0,25
Oxyde ferreux	0,05
Eau	0,30

Fusible au chalumeau en émail blanc, texture spongieuse, très légère, flottant sur l'eau.

La *perlite.* — Analysée par Thomson ; a donné :

Silice	7,04
Alumine	1,46
Potasse	0,52
Chaux	0,30
Oxyde ferreux	0,44
Eau	0,43

Éclat vitreux.

La *rétinite.* — Analysée par Klaproth ; a donné :

Silice	7,30
Alumine	1,45
Soude	0,18
Chaux	0,10
Oxyde ferreux	0.11
Eau	0,85

Fusible au chalumeau, éclat résineux.

Obsidienne. — Son analyse diffère de la précédente par l'absence de l'eau ; éclat vitreux.

La *téphrine.* — Roche composée d'éléments *feldspathiques;* fusible, sert à faire des meules et des carrelages.

ROCHES MICACIQUES.

Sont ainsi dénommées, celles où l'élément prédominant est le mica.

Le *micaschiste*. — Roche composée de mica et de quartz.

Le *gneiss*. — Roche composée de mica et de feldspath.

La *fraidronite*, appelée aussi « *pierre noire* ». — Roche généralement composée de mica et d'orthose.

Kersauton. — Roche composée de mica et de feldspath.

ROCHES AMPHIBOLIQUES.

La *hornblende*. — Est la seule des trois variétés d'amphibole qui se trouve en masses suffisantes pour former une espèce; forme des amas.

Le *diorite*. — Roche à base phanérogène composée de hornblende et de feldspath; pierre décorative.

L'*aphanite*. — Mélange d'amphibole et de feldspath; fusible en émail noir.

L'*hémitrène*. — Roche à base phanérogène composée de hornblende et de calcaire.

ROCHES PYROXÉNIQUES.

Le *dolérite*. — Roche à base phanérogène composée de pyrogène et de feldspath.

Le *mélaphère*. — Roche composée d'une pâte et de cristaux de pyroxène et de feldspath; pierre décorative.

Le *trapp*. — Mélange de pyroxène et de feldspath.

Le *basalte*. — Roche composée de pyroxène, de feldspath et de zéolites; généralement disposé en colonnes prismatiques. A donné à l'analyse :

Silice	4,45
Alumine	1,68
Oxyde ferreux	2,00
Chaux	0,95
Magnésie	0,23
Soude	0,26
Eau	0,20

Le *spilite*. — Roche composée de pyroxène et de feldspath renfermant des noyaux de calcaire. On y trouve beaucoup de zéolites ainsi que des améthystes.

La *vake*. — Roche composée de pyroxène et de feldspath à texture compacte.

La *pépérine*. — Vake à texture bréchiforme. Une variété, la pouzzolane, est employée pour faire des mortiers.

ROCHES PÉRIDOTIQUES.

La *lherzolite*. — Ou roche de pyroxène, contient outre le pyroxène du péridot et de l'eustatite; couleur verte.

ROCHES TALQUEUSES.

Le *stéachiste*. — Roche à base composée d'hydrosilicates de magnésie à texture schistoïde; éclat brillant.

L'*ophiolite*. Roche composée de divers hydrosilicates de magnésie, à texture *non* schistoïde.

Le *magnésite.* — Roche composée d'hydrosilicate magnésique presque toujours mélangé de matières étrangères. On en fait des poteries. Sa variété dite « *écume de mer* » sert à faire des pipes.

Le *klebschiefer.* —Happe à la langue, passe souvent à la marne et à l'argile, texture lamellaire.

ROCHES CHLORITIQUES.

La *chlorite.* — Se subdivise en deux espèces :

1° Chlorite schistoïde.

2° Chlorite dite pierre ollaire, cette dernière employée pour faire des poteries.

ROCHES SCHISTEUSES.

Le *phyllade* (plus communément ardoise). — Un échantillon des ardoisières d'Angers a donné à l'analyse :

Silice	4,86
Alumine	2,35
Oxyde ferreux	1,13
Magnésie	0,16
Potasse	0,47
Eau	0,76

Un échantillon des ardoisières de Rimogne (Ardennes) a donné à l'analyse :

Silice	6,10
Alumine	0,96
Protoxyde de fer	1,20
Chaux	0,36
Magnésie	0,48
Potasse	0,22
Soude	0,26
Eau	0,38

Il résulte de ces analyses que les ardoises de Rimogne offrent le plus de dureté : car elles contiennent beaucoup plus de silice et de magnésie et beaucoup moins d'alumine et d'eau que les autres.

Fusible, disposée en lamelles se détachant facilement sous de faibles épaisseurs. Usages communs.

Le *coticule.* — Roche fusible dont on fait la pierre à rasoir; a donné à l'analyse :

Silice	7,13
Alumine	1,53
Oxyde ferreux	0,93
Eau	0,33

Le *schiste.*—Roche fusible, tendre, se désagrégeant au contact de l'air en formant une argile, forme des couches feuilletées, très abondante dans la nature.

L'*ampélite.* — Roche composée de silicate d'alumine et de carbone, se subdivise en deux espèces :

1° L'*ampélite alunifère*, contenant du soufre et du fer rougissant par la calcination et employée pour la préparation de l'alun.

2° L'*ampélite graphique* a donné à l'analyse :

Silice	6,41
Alumine	1,10
Carbone	1,10
Fer	0,27
Eau	0,72

On en fait les crayons des menuisiers.

Le *calschiste.* — Roche à base de calcaire et de schiste ; fait effervescence dans l'acide azotique.

La *porcellanite*. — A donné à l'analyse :

Silice	6,08
Alumine	2,73
Chaux	0,30
Potasse	0,37
Fer	0,25

Moins dure que le quartz et plus dure que le schiste, généralement rouge, paraît résulter de la décomposition, par le feu, des schistes argileux.

La *pséphite*. —Roche à texture poudingiforme formée de fragments de roches schisteuses à ciment *argileux*.

ROCHES ARGILEUSES.

L'*argile*, roche généralement composée de silice, d'alumine et d'eau, parfois d'oxyde de fer et d'autres oxydes métalliques.

Analyse d'un échantillon :

Silice	6,3
Alumine	1,6
Oxyde de fer	0,8
Chaux	0,1
Eau	1,0

Se pétrit et durcit au feu ; on en fait des poteries.

La *smectite* (terre à foulon), fusible, a donné à l'analyse (échantillon de Riegate) :

Silice	5,30
Alumine	1,00
Oxyde ferrique	0,97
Eau	2,40

Magnésie	0,12
Chaux	0,05
Sel marin	0,01
Potasse	Traces

Se délaye dans l'eau, à laquelle elle communique la propriété de dégraisser les étoffes (employée dans les fouleries pour lustrer les draps).

Le *limon*, se délaye dans l'eau. Un échantillon de Hesbaye a donné à l'analyse :

Silice	9,22
Oxyde de fer	0,26
Alumine	0,12
Chaux	0,04
Magnésie	0,07
Potasse et soude	0,02
Ammoniaque	0,01
Acide phosphorique	0,02
Substance organique et eau	0,30

On l'emploie dans la briqueterie.

La *marne*, roche composée d'argile et de calcaire, fait effervescence dans l'acide azotique, happe à la langue; terne, employée pour amender les terres.

L'*ocre*, roche composée d'argile et de limonite, devient rouge par la calcination, happe à la langue; employée en peinture, calcinée et non calcinée, forme une variété très recherchée, la *terre de Sienne*.

La *sanguine*, roche composée d'argile et d'oligiste, rouge; on en fait des crayons et des poteries.

L'*argilite*, roche principalement composée de silice, d'alumine et d'eau, se délaye dans l'eau.

Le *kaolin* (terre à porcelaine), composition variable. Analyse d'un échantillon :

Silice	5,20
Alumine	4,70
Oxyde de fer	0,03

Le kaolin provient de la décomposition d'une roche appelée *pegmatite*.

Analyse d'un échantillon de Chine :

Silice	5,03
Alumine	3,37
Chaux	0,27
Magnésie	
Potasse	
Soude	
Fer et manganèse	Traces

Infusible au chalumeau, happe à la langue, généralement blanc ; employé pour la fabrication de la porcelaine. — Celui de la Chine a une grande réputation.

Roches fluorurées.

La *fluorine*, composée de fluorure calcique, fusible en une perle opaque, cristallise dans le système cubique, rayée par l'acier. Pierre ornementale.

Roches chlorurées.

Le *sel marin*, roche à base simple, soluble dans l'eau ; saveur salée.

Roches sulfatées.

ROCHES ALUNIQUES.

L'*alunite* ou pierre d'alun, roche à base simple, composée d'acide sulfurique, d'alumine, de potasse et d'eau. Souvent mélangée de matières étrangères. Devient en partie soluble par la calcination. On en extrait après grillage et lavage, l'*alun*.

(Alun de Rome, préparé à la Tolfa près de Civita-Vecchia).

ROCHES BARYTIQUES.

La *barytine*, roche à base simple, composée de sulfate de baryte, difficilement fusible en émail blanc. Ses cristaux se clivent en prisme droit rhomboïdal (101° — 42′).

ROCHES GYPSEUSES.

La *karsténite*, roche à base simple, composée de sulfate de chaux, difficilement fusible en émail blanc. Ses cristaux se clivent en prisme rectangulaire droit ; employée comme marbre.

Le *gypse*, roche à base simple, composée d'hydrosulfate de chaux, donne de l'eau par calcination, difficilement fusible en émail blanc, rayé par l'ongle, transparent ; fait l'*albâtre gypseux* dont on fait des objets d'art ; calciné et porphyrisé, il prend le nom de *plâtre;* employé dans la fabrication du *stuc*. Ses mortiers ne doivent pas être exposés à l'humidité; favorise la croissance des fourrages.

Roches carbonatées.

ROCHES CALCAREUSES.

Calcaire. — Très commun par ses variétés cristallines qui dérivent d'un rhomboèdre de 105° 5'; raye le gypse. Donne la chaux par la calcination; se subdivise en :

1° Calcaire lamellaire (à double réfraction) ;

2° Calcaire laminaire (marbre de Paros) ;

3° Calcaire saccharoïde (marbre de Carrare) ;

4° Calcaire compacte (pierre à lithographier) ;

5° Craie (usages très connus) ;

6° Tuffeau (pierre à bâtir);

7° Calcaire grossier (employé dans la construction) ;

8° Calcaire à Lumachelle (Italie), débris de coquilles ;

9° L'oolite (composé de petits grains), employé dans la construction;

10° La cargneule (calcaire spongiaire) ;

11° La brèche (calcaire à texture bréchiforme), marbres recherchés. Brocatelle d'Espagne ;

12° Calcaire poudingiforme ;

13° Calcaire concrétionné, a une variété translucide (albâtre oriental) ;

14° Calcaire carbonifère (marbres communs) ;

15° Calçaire bituminifère (contient du bitume) ;

16° Calcaire fétide (dégage une odeur d'hydrogène sulfuré) ;

17° Calcaire argileux (pierre à chaux hydraulique) ;

18° Calcaire siliceux (renfermant du silex) ;

19° Calcaire sableux ou quartzifère (renferme des grains de quartz) ;

20° Calcaire chlorité ou glauconie renfermant de la chlorite ;

Enfin les calcaires dits : feldspathique, grenatique, etc., parce qu'ils renferment du feldspath en cristaux, des grenats, etc., etc.

Le *cipolin*, roche à base phanérogène, composée de calcaire et de mica ; employé comme marbre.

L'*ophicalce*, roche à base phanérogène, composée de calcaire et de talc, donne de beaux marbres (vert antique, marbre campan).

Dolomie. — Mélange de calcaire et de giobertite ; employée dans la construction.

ROCHES GIOBERTIQUES.

Giobertite, ou carbonate magnésique ; on en fait de la porcelaine.

Roches combustibles. — Ces roches paraissent être le résultat de la décomposition de matières organiques. Diverses hypothèses ont été faites sur leur origine :

1° L'hypothèse des radeaux ;

2° L'hypothèse des coulées volcaniques ;

3° L'hypothèse de la végétation sur place (tourbières).

Anthracite. — Est la plus riche en carbone (90 0/0). Elle contient peu d'oxygène et d'hydrogène, aussi lui faut-il une grande quantité d'air pour brûler.

On y rencontre parfois du *nitrogène*. Sa densité varie entre 1,50 et 1,80.

Éclat métallique, ne produit pas de fumée en brûlant.

Houille. — Moins riche en carbone que l'anthracite ; éclat brillant, parfois irisée. Moins dense que l'anthracite (1,30). Se présente en couches variant entre 0m,10 d'épaisseur et 2, 4, 10, 20 et même 30 mètres (bassin de la Loire).

La houille a été divisée en *quatre* classes :

1° *Houille sèche* donnant un coke qui n'est pas aggloméré ; c'est la variété qui a le plus d'analogie avec l'anthracite (l'hectolitre pèse 78 kilogrammes). Analyse d'une houille sèche de Mons :

Charbon	85,
Matières volatiles	12,70
Cendres	2,30
	100,00

2° *Houille maréchale ;* donne un coke boursouflé, s'agglutine au feu. Cette propriété la rend très propre à la forge.

Analyse d'une houille maréchale (pays de Galles) :

Charbon	79,3
Matières volatiles	19,4
Cendres	1,2
	99,9

3° *Houille grasse* à longue flamme.

Un hectolitre pèse 77 kilogrammes, renferme des matières bitumineuses.

Analyse d'une houille grasse d'*Alais :*

Charbon	68,1
Matières volatiles	25,5
Cendres	6,4
	100,00

4° *Houille maigre* à longue flamme. Surtout employée dans la fabrication du gaz. Donne de 55 à 56 p. 100 de coke.

Analyse d'une houille maigre à longue flamme (Blanzy) :

Charbon	76,48
Matières volatiles	21,24
Cendres	2,03
	99,75

La houille renferme, *à l'état de liberté*, un protocarbure d'hydrogène formant, avec l'air, un mélange détonant, *c'est le grisou.*

La houille donne, par distillation, un gaz combustible doué d'un grand pouvoir éclairant ; de l'eau ammoniacale, du goudron ou *coaltar* et enfin du coke.

Lignite ; contient beaucoup plus d'oxygène que la houille. Le goudron que l'on en retire ne contient pas de naphtaline. Dégage, par la distillation, des matières bitumineuses et de l'eau chargée d'acide acétique. Il présente généralement l'aspect d'écorces d'arbres. Certaines variétés très noires et très dures (jayet), sont taillées pour faire des bijoux de deuil.

La variété dite *terre d'ombre* est employée en peinture.

Enfin la variété la plus terreuse sert à amender les terres, soit à l'état naturel (cendres noires), soit après grillage (cendres rouges).

Sa densité varie de 1,14 à 1.29.

Composition d'un lignite :

Carbone	73,3
Hydrogène	5,37
Oxygène	21,40

Tourbe. — Résulte de la décomposition, *sur place*, de végétaux aquatiques ; ne peut être employée qu'après dessiccation (15 à 18 p. 100 d'eau hygrométrique). Donne par la distillation, de l'acide acétique, de l'eau ammoniacale, des huiles et du gaz. Il reste du charbon fixe. Ses cendres facilitent la végétation des fourrages.

ÉTUDE DES TERRAINS

DONT SE COMPOSE L'ÉCORCE TERRESTRE.

Tableau de MM. Dufrénoy et Élie de Beaumont, donnant une idée de l'ancienneté des roches d'origine ignée et de la durée de leur émission.

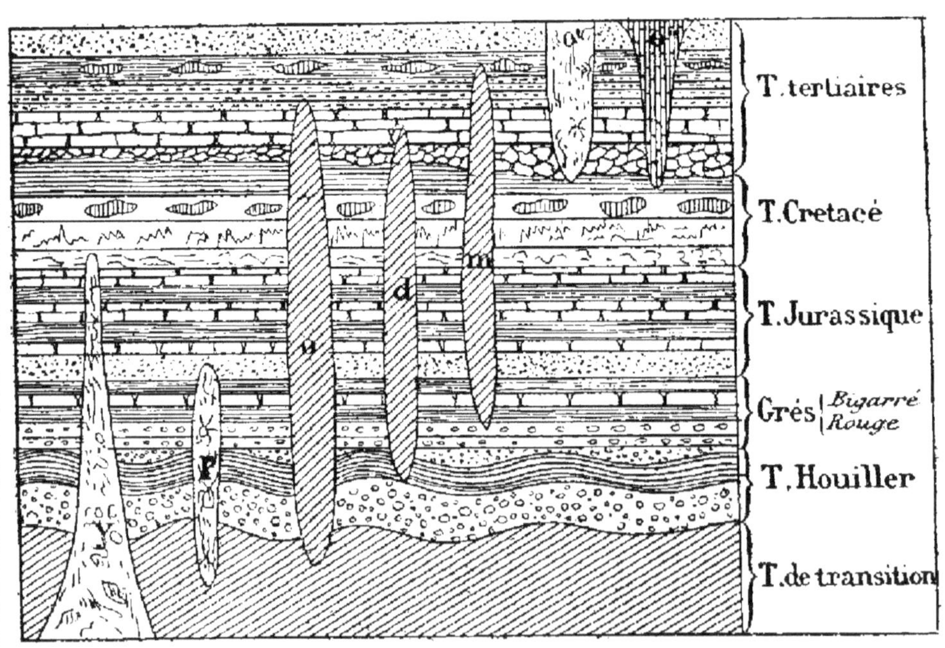

Fig. 1.

o'' — Basalte.
o' — Trachite.
m — Mélaphyres.
d — Trapps.
o — Serpentines et Euphotides.
p — Porphyres quartzifères.
y — Granites.

Classification générale des terrains dont se compose l'écorce terrestre.

PÉRIODE DES MAMMIFÈRES.	*Terrains actuels*........	Terre végétale. — Tourbe. — Sables mouvants. — Eboulis. — Alluvions. — Tuf. — Terrain madréporique.
	Terrains quaternaires...	Travertin. — Brèches osseuses. — Dépôts des cavernes. — Diluvium. — Limons.
	Terrains tertiaires.....	T. Pliocène.
		T. Miocène.
		T. Eocène.
PÉRIODE DES GRANDS SAURIENS.	*Terrains secondaires*....	T. Crétacé.
		T. Jurassique.
		T. Lias.
		T. Trias.
		T. Permien.
PÉRIODE DES TRILOBITES.	*Terrains de transition.*	T. Carbonifère.
		T. Dévonien.
		T. Silurien.
		T. Cumbrien.
ABSENCE DE VIE.	*Terrains primitifs*......	Terrains stratifiés.
		Terrains non stratifiés.
	Partie centrale.........	En fusion.

PARTIE CENTRALE ET TERRAIN PRIMITIF.

La partie centrale de la terre est en fusion.

L'enveloppe qui recouvre *immédiatement* ce noyau liquéfié peut se diviser elle-même en deux parties très distinctes :

1° **Terrains non stratifiés ;**

2° **Terrains stratiformes**.

Ces deux étages constituent le terrain primitif, caractérisé par l'absence complète de vie animale et végétale.

Les roches dont se compose ce terrain sont les suivantes :

1° Étage inférieur. — Au-dessus des laves on trouve : le basalte, le trachyte, le trapp, l'ophiolite, la syénite, le porphyre, le granit.

2° Étage supérieur. — Renferme : le protogène, le gneiss, le micaschiste, le stéaschiste et le calcaire.

Un caractère important de cet étage réside dans la fréquence de gisements métallifères dans les terrains gneissiques, et dans l'existence en général de sources thermales sulfureuses.

Dans ces deux étages, *pas de vie, pas de fossiles*.

TERRAINS DE TRANSITION.

1er étage. Inférieur. Terrain cumbrien.
2e — — silurien.
3e — — dévonien.
4e — — carbonifère.

Terrain cumbrien. — Ce terrain manque dans beaucoup de régions du globe ; il est placé immédiatement au-dessus du terrain primitif.

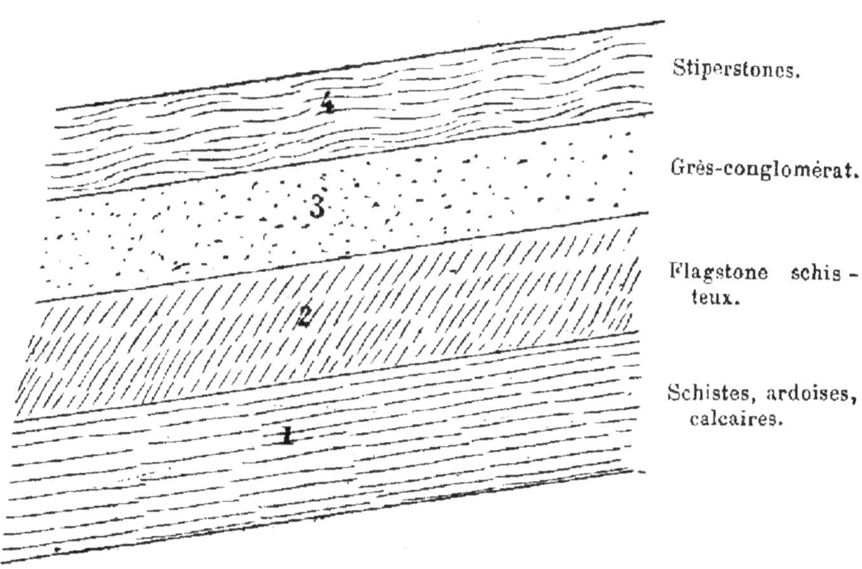

Fig. 2. — Coupe du terrain cumbrien.

Il est caractérisé, au point de vue fossilifère, par une faune particulière, appelée par M. Barrande « Faune primordiale », comprenant cent soixante-dix-huit espèces.

Comme fossiles, on trouve dans le terrain cumbrien

Fig. 3. — Encrine.

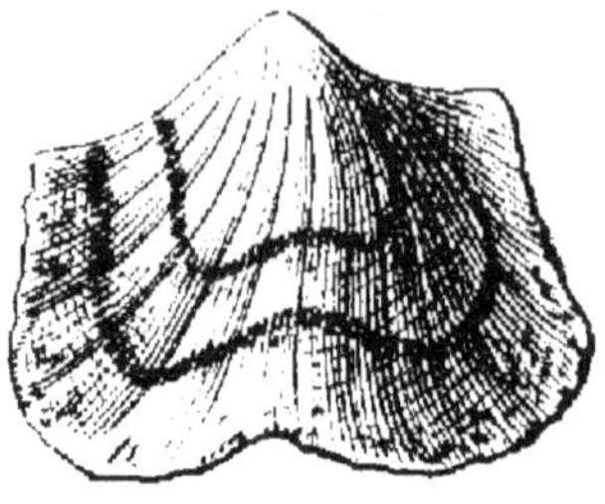

Fig. 4. — Orthis.

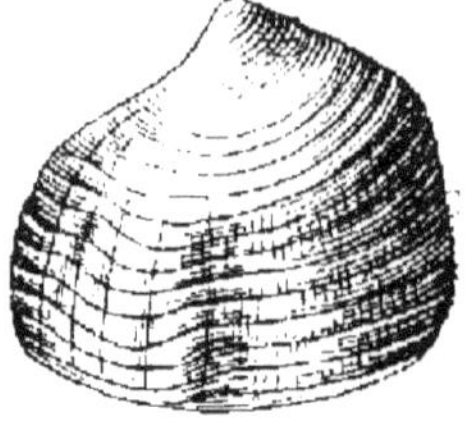

Fig. 5. — Lingula Davisii.

des encrines, des orthis, des trilobites, le lingula Davisii, des polypiers, l'oldhamia, l'olenus, le paradoxide et les

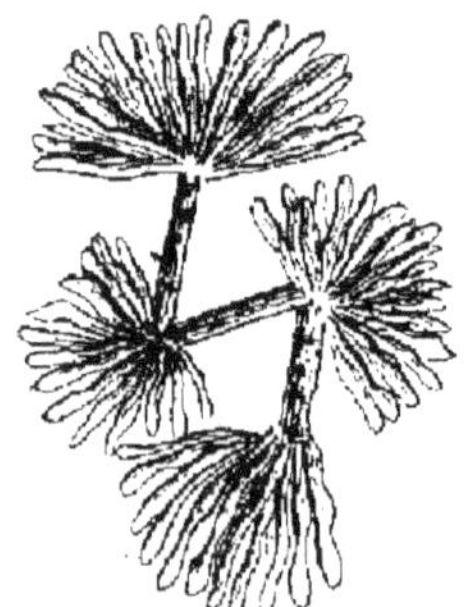

Fig. 6. — Oldhamia.

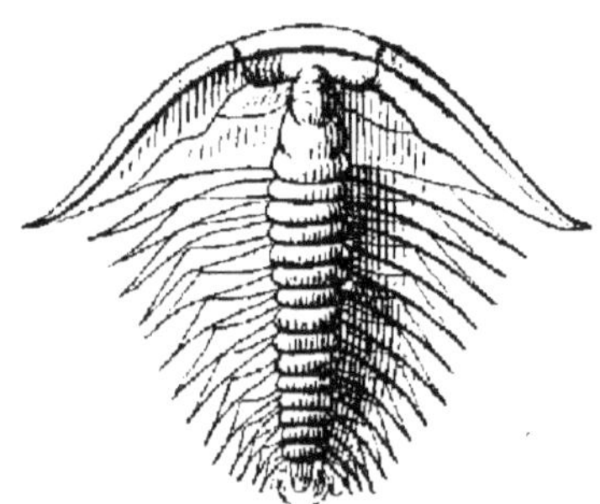

Fig. 7. — Olenus.

genres conocéphalites, elliptocéphalus, arionellus, sao, hydrocéphalus, agnostus.

Fig. 8. — Graphtolites.

Dans le Cumberland, on trouve dans des couches de

schistes des empreintes de graphtolites (pennatules fossiles.)

Terrain silurien. — Comprend trois étages :

Étage supérieur....	Ludlow. Wenlock.
Étage moyen......	Llandovery supérieur. — inférieur.
Étage inférieur....	Caradoc et Balla. Llandeïlo. Dalles à lingules.

ÉTAGE SUPÉRIEUR. — Le *ludlow,* situé à la partie supérieure de cet étage, est composé de trois bancs principaux :

Le *ludlow supérieur* est formé d'assises de calcaire et de schistes à psammites. On y rencontre comme fossiles, des homalonotes.

Le *ludlow calcaire*, ou banc moyen, est formé d'un calcaire bitumineux, cristallin, susceptible de poli, répandant une odeur fétide produite par la décomposition de substances animales.

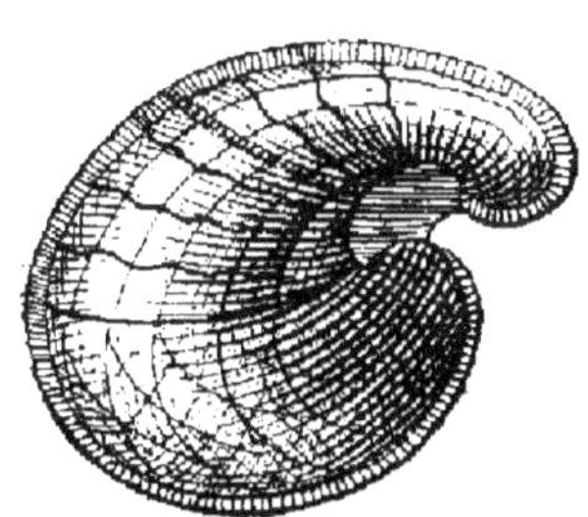

Fig. 9. — Pentamerus Knightii.

On y rencontre le pentamerus Knightii.

Le *ludlow inférieur* est formé de roches schisteuses avec dispositions en nodules calcaires. On y trouve des orthocères.

Le *wenlock* se subdivise également en trois bancs.

Le *wenlock supérieur* forme une importante assise

calcaire dénommée *calcaire de Wenlock*, remarquable par sa coloration bleue. On y trouve des crinoïdes.

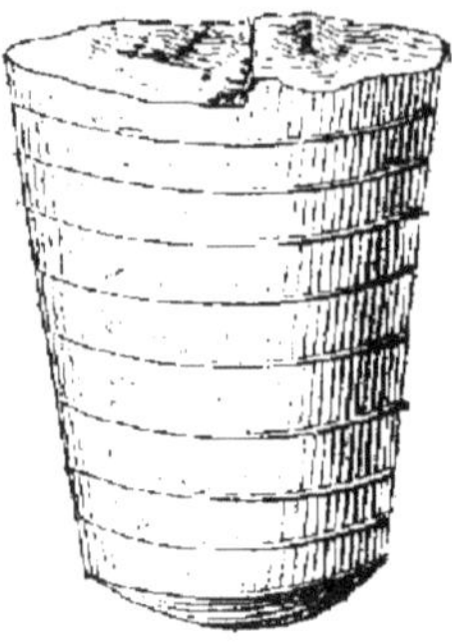

Fig. 10. — Orthoceras lateralis.

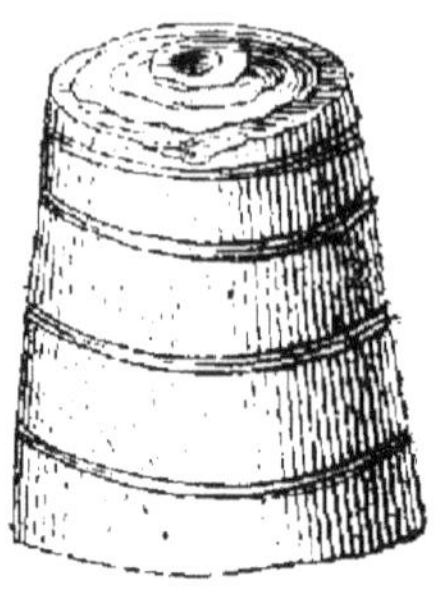

Fig. 11. — Orthoceras conica

Les *schistes de Wenlock*, ou wenlock moyen, puis-

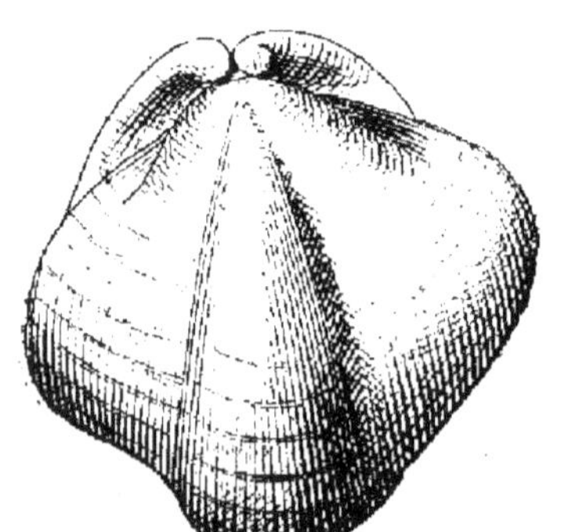

Fig. 12. — Spirifer.

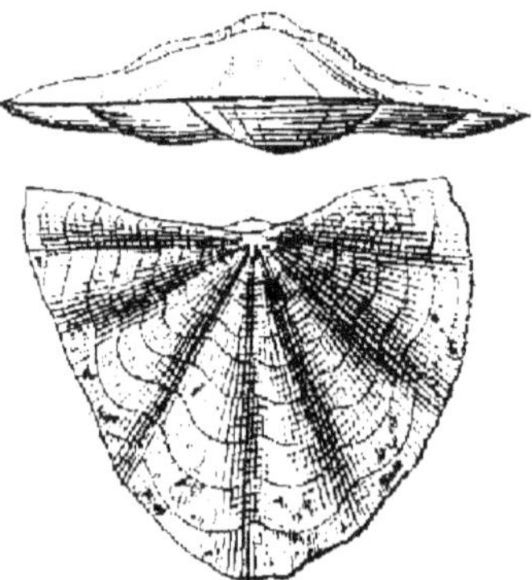

Fig. 13. — Productus.

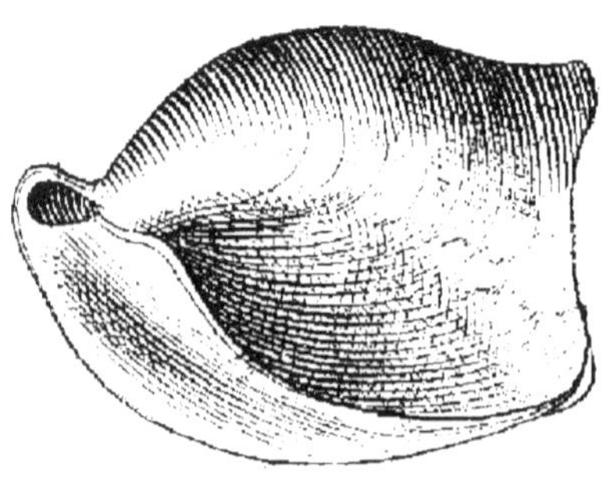

Fig. 14. Térebratula digona.

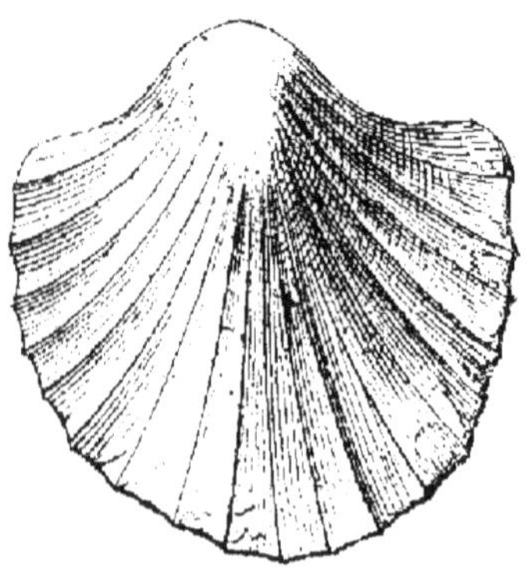

Fig. 15. — Orthis.

sante formation schisteuse où l'on rencontre une grande variété de brachiopodes.

Le *wenlock inférieur* est formé d'assises de schistes

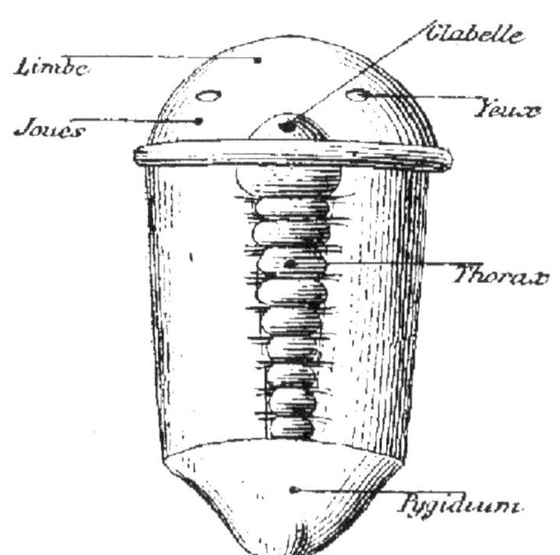

Fig. 16. — Trilobites.

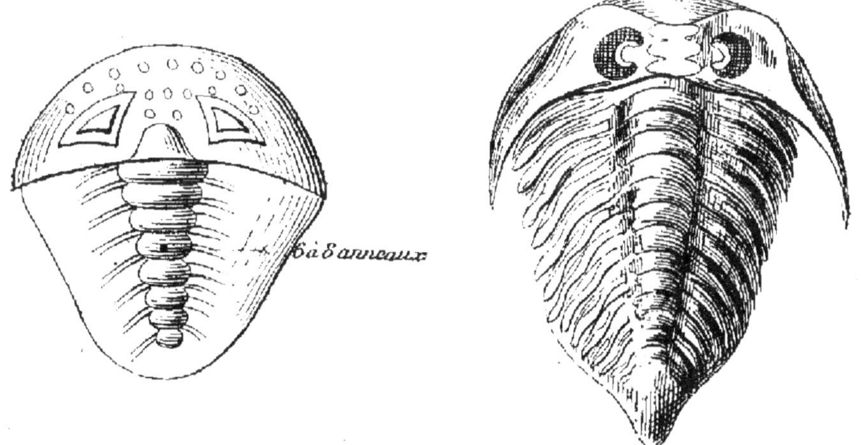

Fig. 17. — Trinucleus (pas d'yeux). Fig. 18. — Asaphus caudatus.

argileux où l'on rencontre une grande variété de trilobites (crustacés).

Étage moyen. — Comprend le Llandovery supérieur et le Llandovery inférieur.

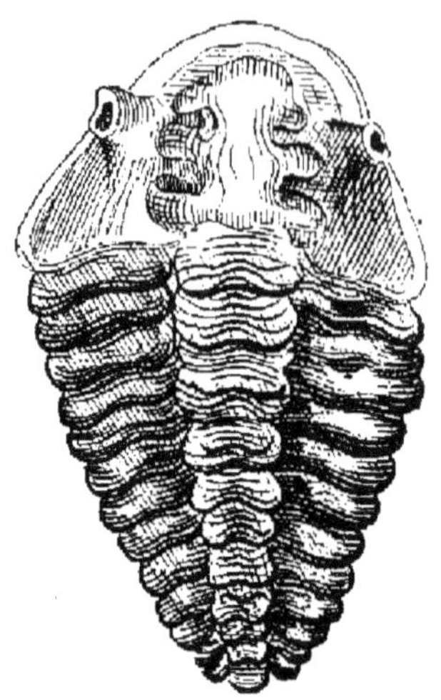

Fig. 19. — Calymène blumenbachii (1).

Le *Llandovery supérieur* est caractérisé par ses roches quartzo-argileuses.

Le *Llandovery inférieur* est généralement formé de conglomérats à psammites (grès micacé).

On trouve dans les deux Llandovery des calymènes.

Étage inférieur. — Comporte trois divisions :

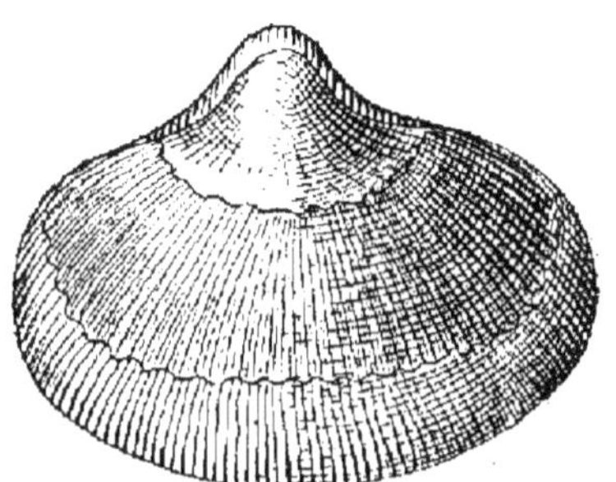

Fig. 20. — Orthis orbicularis.

Caradoc et *Bala*. — La puissante formation de Caradoc

(1) Appartient à la famille éteinte des trilobites.

est composée de psammites très micacés. On y trouve des phacops, des orthis et des polypiers.

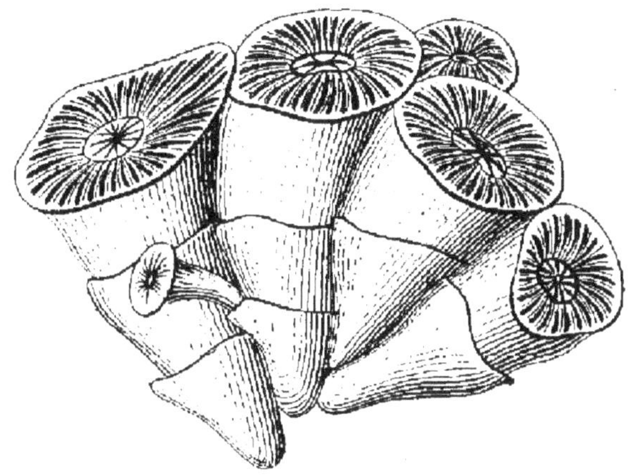

Fig. 21. — Cyathophyllum turbinatum.

Le *Llandeïlo*, composé de calcaires ardoisiers très recherchés (ardoises d'Angers); on y trouve des trilobites des genres trinucleus, asaphus, illænus.

Le *dalles à lingules*. — Enfin la base du silurien est une formation arénacée à grains de quartz, de feld-

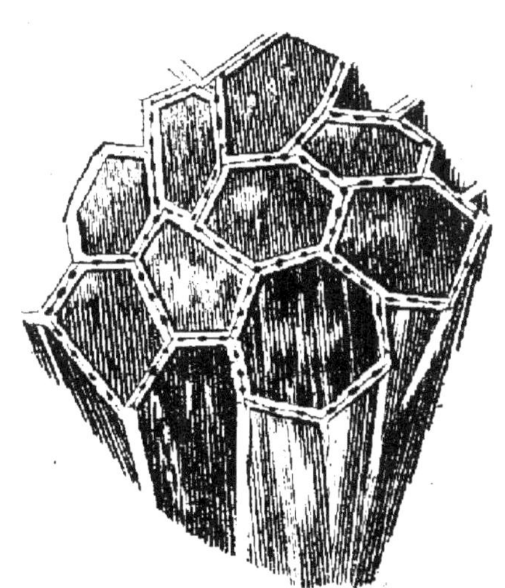

Fig. 22. — Catenipora escharoïdes.

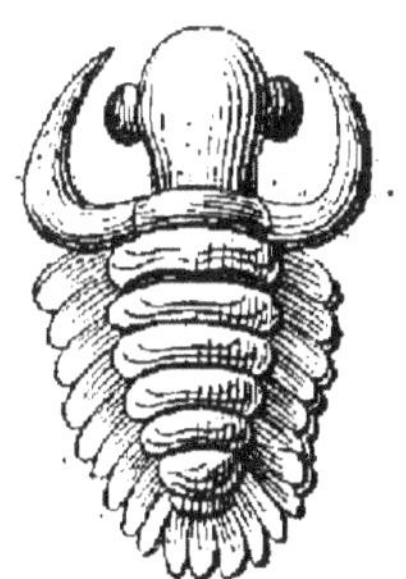

Fig. 23. — Calymène.

spath et de mica. On y trouve une quantité considérable de lingules, de spirifères, d'orthis, de trinucleus, etc., etc.

Terrain dévonien. — Ce terrain, placé au-dessus du précédent, se présente très caractérisé dans la Grande-Bretagne (pays de Galles) et en Allemagne, entre la Rœr et la Diemel.

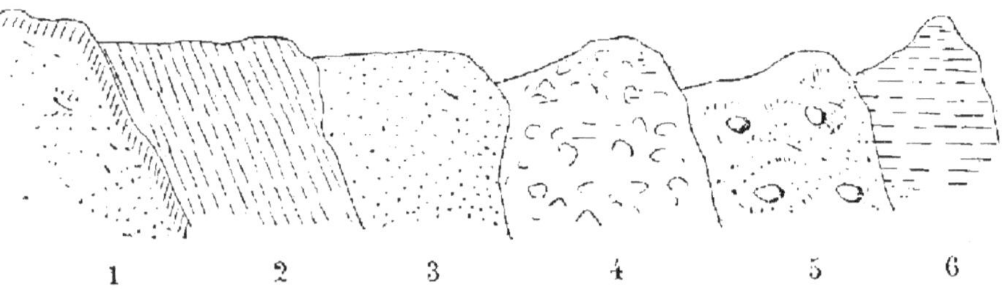

Fig. 24. — Coupe du terrain dévonien dans le pays de Galles.

1. Vieux grès rouge. — 2. Dalles schisteuses. — 3. Grès blanc. — 4. Marne. — 5. Grès marron et conglomérats. — 6. Calcaire.

La présence de l'*anthracite* l'a fait dénommer *terrain anthracifère*.

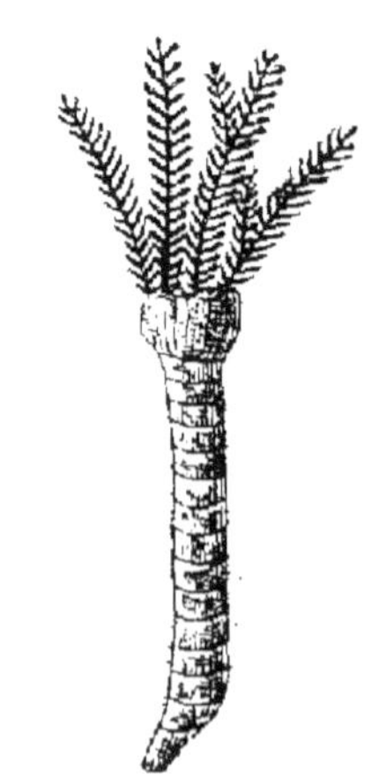

Fig. 25. — Encrine.

Les fossiles sont très rares; quelques poissons, céphalaspis, onchus, etc.

En Allemagne, on a divisé le terrain dévonien en trois étages :

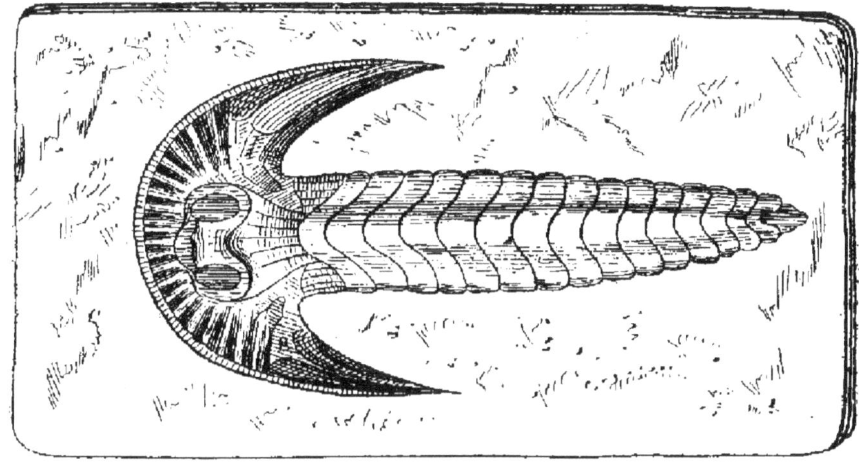

Fig. 26. — Céphalaspis.

ÉTAGE SUPÉRIEUR. — Schistes et calcaires à goniatites,

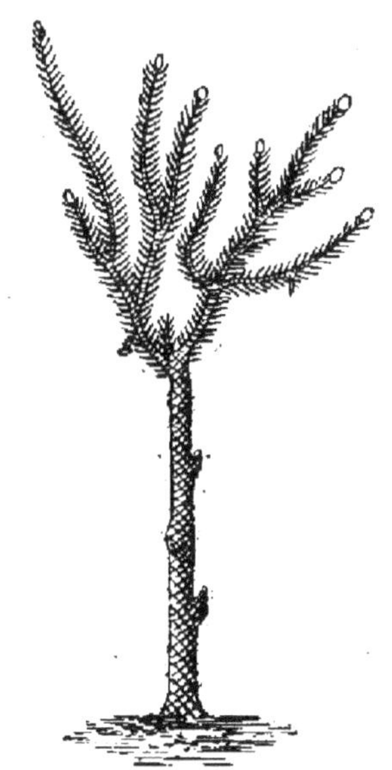

Fig. 27. — Lepidodendron Sternbergii.

appelés en Allemagne Verneuilli, schiefter. Ces schistes passent aux psammites.

Comme fossiles, on y trouve : reptiles, spirifères, productus, goniatites, lepidodendron.

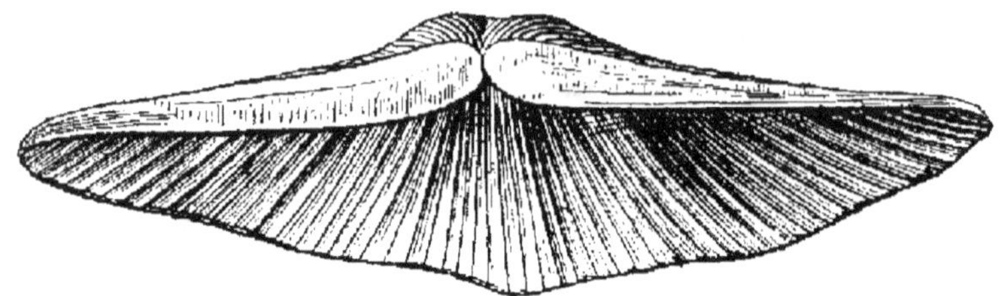

Fig. 28. — Spirifer Verneuilli.

ÉTAGE MOYEN. — Formé de schistes calcarifères (calcaires d'Eifel) à *strygocephalus*. Ces schistes passent

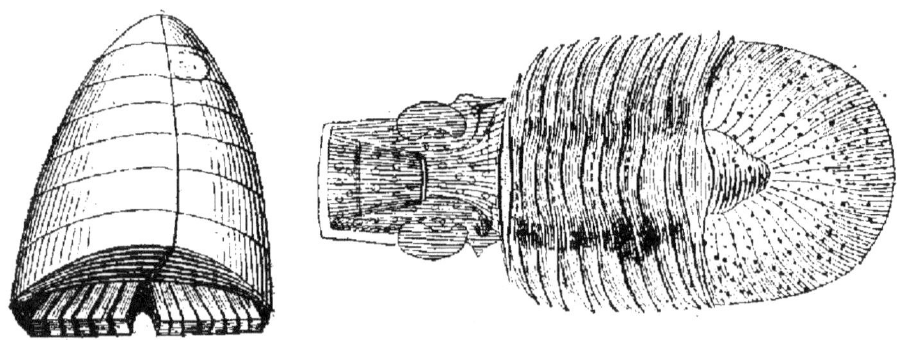

Fig. 29. — Calceola sandalina. Fig. 30. — Bronteus flabellifer.

aux psammites dans la partie inférieure. On trouve comme fossiles : Bronteus flabellifer, phacops, calceola sandalina, spirifères conifères, lepidodendron.

ÉTAGE INFÉRIEUR. — Composé de psammites à texture schistoïde passant aux phyllades. Ardoises de toitures.

Comme fossiles : *Cephalaspis*, *phacops*, *orthis Murchisoni*, *orthis circularis*, *spirifères*, *encrines*.

Terrain carbonifère. — Situé sur le dévonien ; subdivisé en Angleterre, en trois étages :

Étage supérieur. — Terrain houiller proprement dit;
Étage moyen. — Millstone grit;

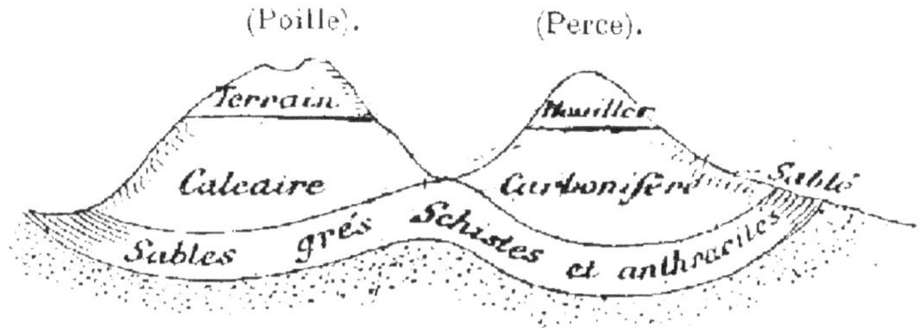

Fig. 31. — Coupe du carbonifère.

Étage inférieur. — Calcaire carbonifère.

Étage supérieur. — Il est le plus riche en houille; sa flore est des plus abondantes.

Fig. 32. — Coupe du carbonifère.

1. Calcaire schisteux. — 2. Calcaire carbonifère. — 3. Millstone grit. — 4. Terrain houiller. — 5. Houille. — 6. Calcaire. — 7. Terrain Permien.

Les fossiles y sont extrêmement rares.

Étage moyen. — Il est caractérisé par un *psammite* appelé : *Millstone grit.* Il est moins riche en houille que le précédent.

Étage inférieur. — Il est principalement formé de calcaire schisteux. Riche en fossiles.

En Écosse et en Irlande le calcaire carbonifère est très développé.

En France, il manque généralement; on l'a cependant découvert en Bretagne, où le terrain houiller manque.

Les fossiles y sont nombreux ; comme le montre la liste des fossiles du calcaire de Falmignoul, extraite des travaux de MM. de Koninck et Dupont :

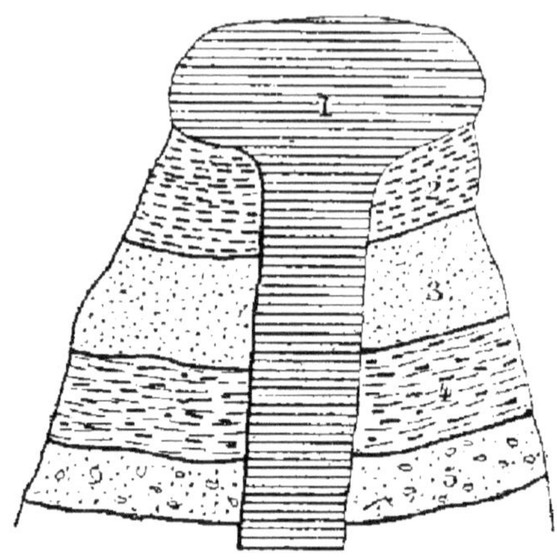

Fig. 33. — Coupe de la montagne de la *Clée*.

1. Basalte. — 2. Terrain houiller. — 3. Millstone grit. — 4. Calcaire carbonifère. — 5. Dévonien.

1° Brachiopodes.

Spirifer striatus.
— lineatus.
— glaberrimus.
— luminosus.
— triangularis.
— ovalis.
— ornatus.
— trigonalis.
— striatus.
— crassus.
— ventricosus.
— planatus.
— distans, etc., etc.
Orthis, resupinata.
Orthis lyelliana.
— bechei.
Productus striatus.
— giganteus.
— latissimus.
— arenarius.
— buchianus.
— medusa.
— expansus.
— spinulosus.
— elegans, etc.
Lingula mytiloides.
— squammiformis.

2° Lamellibranches.

Ostrea nobilissima.
Pecten dissimilis.
— illegalis.
— ellipticus.
— megalotis.
— orbiculatus.
— auriculatus.
— intermedius.
Avicula recta.
— fabalis.
Arca obscura.
— obtusa.
— faba.
— arguta.
— elegantula.
— recticulata.
Nucula timida.
Niobe obliqua.
— fragillis.
Mytilus lividus.
Mitilus radiatus.
— lamellosus.
Avicula ligonula.
— laminosa.
— venusta.
Avicula lepida.
— nobilis.
— simplex.
Posydonomia vetusta.
— hemispherica.
— lamellosa.
Pinna flabelliformis.
Astarte.
Cypricardia.
Conocardium.
Scaldia.
Isocardia.
Cardiomorpha.
Solenopsis.
Pholadomya.

3° Bryozoaires.

Fenestella Michelini.
— multiporata.
Fenestella, plebeia.
— oculata.

4° Vers.

Serpula sowerbiana.
— spinosa.
— parallela.
Serpula Archimedis.
— clavæformis.

5° Échinodermes.

Cidaris munsteriana.
— protei.
Palæchinus ellipticus.
Pentremites Puzosii.

Pentremites crenulatus.
Poteriocrinus crassus.
Cyathocrinus conicus.
Actinocrinus stellaris.
— lævis.
Platycrinus tuberculatus.
— granulatus.
— spinosus.
— lævis.

ANTHOZOAIRES.

Favosites parasitica.
Emmonsia altenans.
Michelinia favosa.
— antiqua.
Chœtetes tumidus.
Harmodites catenatus.
Syringopora ramulosa.
Cyathaxonia cornu.
Zaphrantis.
Amplexus.
Menophyllum.
Lophophyllium.
Mortiera.
Axophyllum.

6° GASTÉROPODES.

Littorina.
Chemnitzia.
Macrocheilus.
Ampullacera.
Natica.
Narica.
Nerita.
Trochus.
Evomphalus.
Serpularia.
Turbo.
Cirrus.
Pleurotomaria.
Murchisonia.
Porcellia.
Cerithium.
Capulus.
Trochella.
Bellerophon.
Patella.
Chiton.
Deutalium.
Conularia.

7° CÉPHALOPODES.

Orthoceras.
Cyrtoceras.
Gyroceras.
Nautilus.
Goniatites.

8° CRUSTACÉS.

Dythiocaris.
Phillipsia.
Cyclus radialis.
Cyprella.
Cypridella.
Cythere.

9° Poissons.

Orodus ramosus.
Helodus lævissimus.
Psammodus.
Chomatodus.
Cechliodus.

10° Cryptogames.

Cyclopteris.
Nevropteris.
Odontopteris.
Sphænopteris.
Pecopteris.
Lonchopteris.
Lepidodendron crenatum.
— elegans.
Calamites cannæformis.
— suckovii.

11° Phanérogames. — Dicotiledones.

Asterophyllites arcuata.
— elegans, etc.
Annularia brevifolia.
Sphenophyllum.
Sigillaria pachyderma.
Stigmaria ficoides.

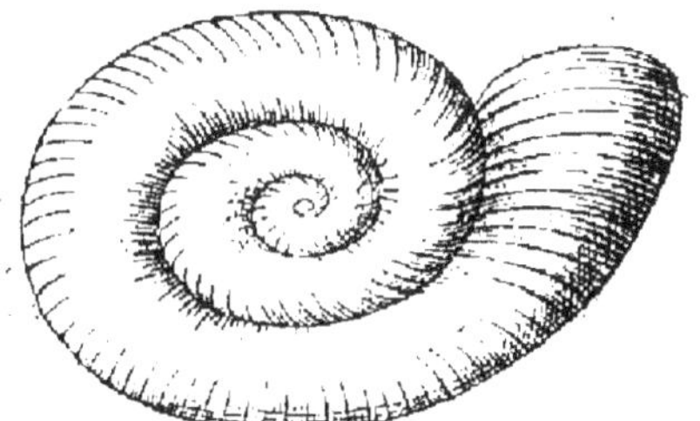

Fig. 34. — Goniatites Listeri.

Fig. 35. — Evomphalus pentagulatus.

Fig. 36. — Bellerophon costatus.

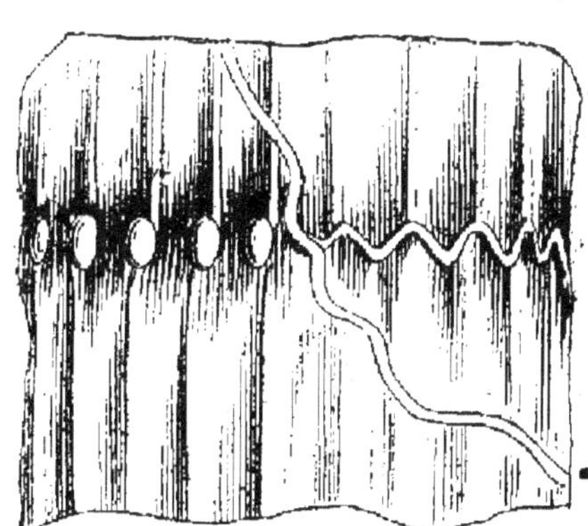

Fig. 37. — Calamites Suckovii.

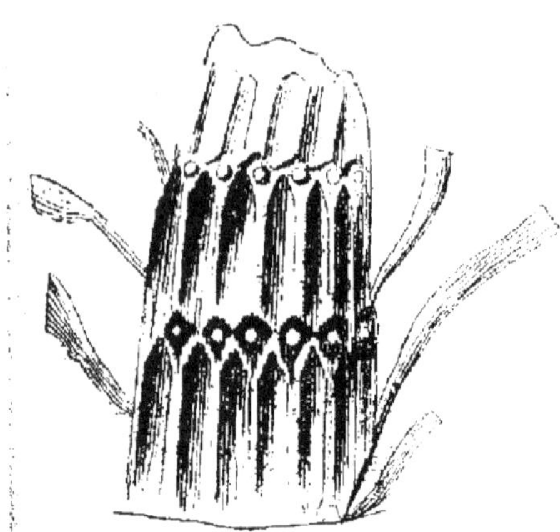

Fig. 38. — Calamites cannæformis.

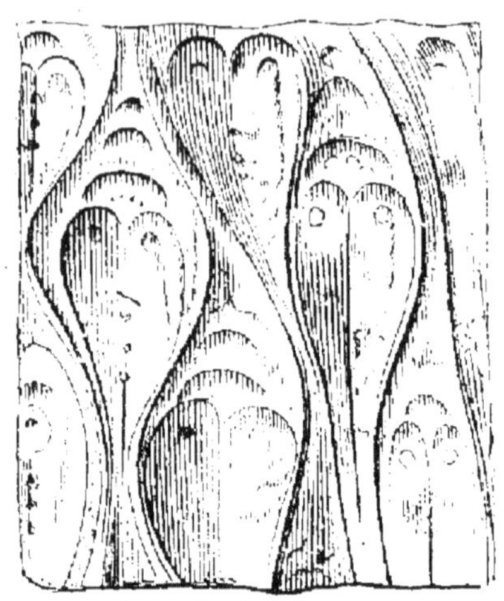

Fig. 39. — Lepidodendron crenatum.

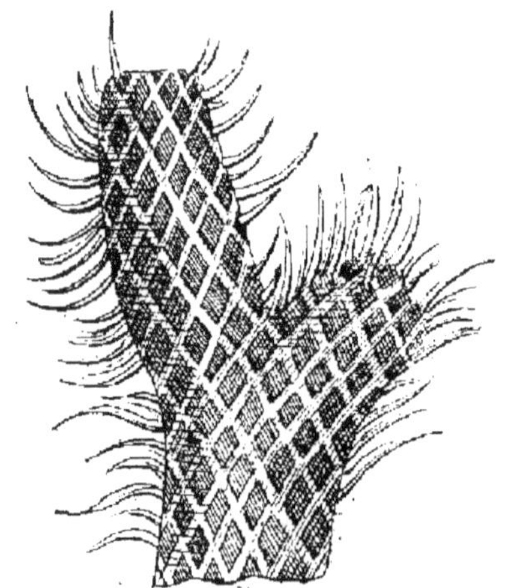

Fig. 40. — Lepidodendron elegans.

Fig. 41. — Sigillaria pachyderma.

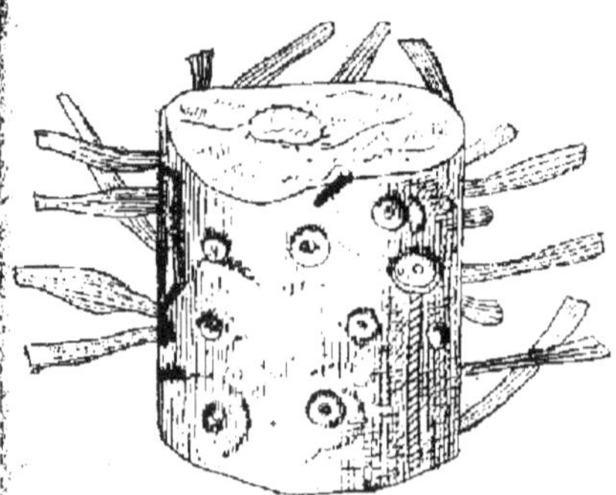

Fig. 42. — Stigmaria ficoïdes.

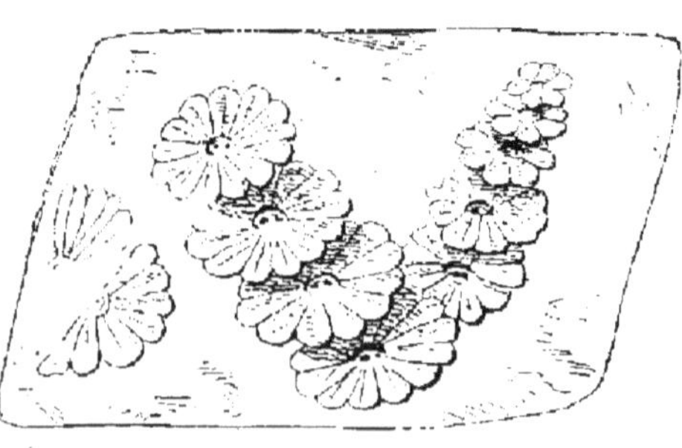

Fig. 43. — Annularia brevifolia.

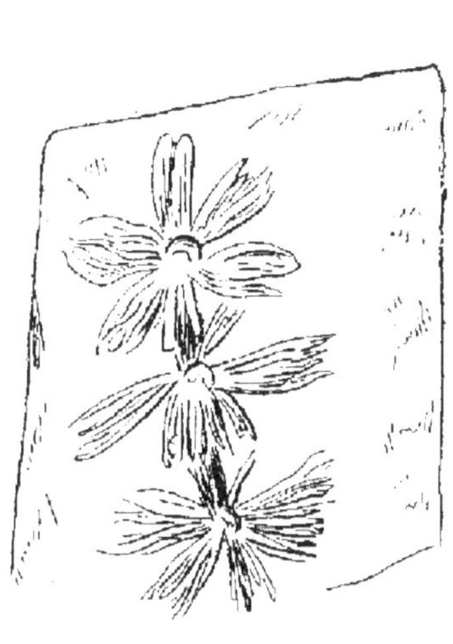

Fig. 44. — Sphenophyllum.

Fig. 45. — Nevropteris.

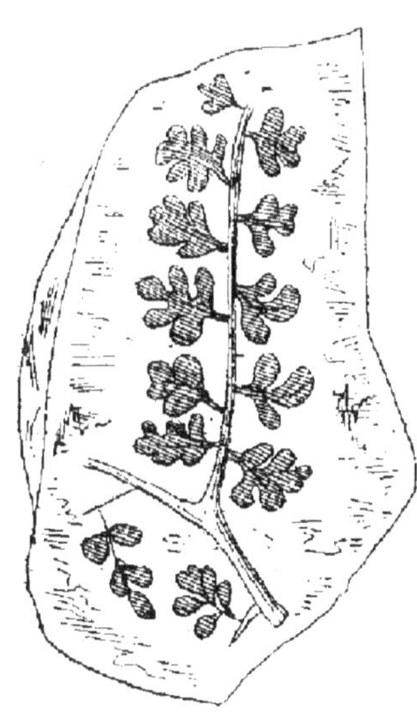

Fig. 46. — Sphenopteris.

Fig. 47. — Pecopteris.

Fig. 48. — Wal (conifère).

TERRAINS SECONDAIRES.

1er Étage inférieur.	Terrain	permien.
2e —	—	trias.
3e —	—	lias.
4e —	—	jurassique.
5e —	—	crétacé.

Terrain permien. — A la base des terrains secondaires se trouve le terrain permien recouvrant le terrain carbonifère.

Le *terrain permien* est caractérisé par une puissante formation des grès rouges dit *Grès des Vosges*.

Comme tous les terrains formés par les eaux, il se compose d'une série de dépôts plus ou moins puissants d'argiles, de grès et de calcaires.

Il est caractérisé, en France, par des assises que l'on rencontre dans l'ordre suivant :

a. Grès vosgien ;

b. Calcaires compactes et magnésiens ;

c. Schistes bitumineux ;

d. Nouveau grès rouge des Vosges (sable quartzeux à ciment d'oxyde de fer) ;

e. Quelques gisements de mercure, de cuivre et des sources salées.

La Thuringe présente une puissante formation de cet étage, dont voici la composition :

a. Marnes à calcaire et gypse ;

b. Calcaire fétide argileux à sources salées ;

c. Dolomies renfermant du bitume ;

d. Calcaire compacte à cassure conchoïdale.

A Longchamp, la coupe est la suivante :

a. Argile ;

b. Poudingue ;

c. Argile ;

d. Grès rouge.

En Angleterre, le terrain houiller est recouvert par un calcaire marneux et argileux qui paraît être le terrain permien.

Comme fossiles on rencontre :

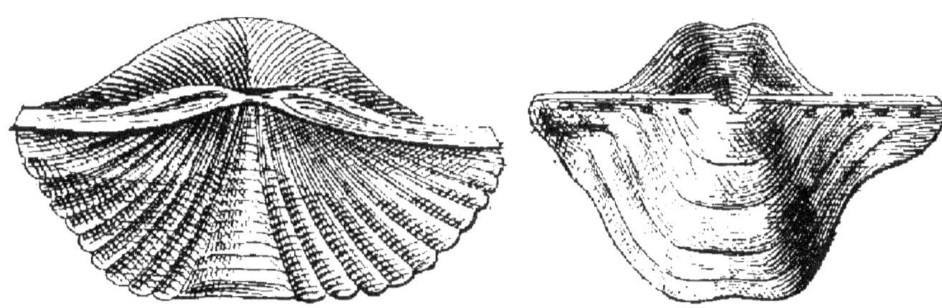

Fig. 49. — Spirifer undulatus. Fig. 50. — Productus aculeatus.

1° BRACHIOPODES.

Spirifer undulatus.
Productus aculeatus.
— calvus.
Terebratula.
(Plus d'orthis).
(Plus de pentamerus),

2° SAURIENS.

Iguanes.
Monitor.

3° POISSONS.

Palœniscus. Amblyperus.

puis des fougères, des encrinites, des conifères et des coraux.

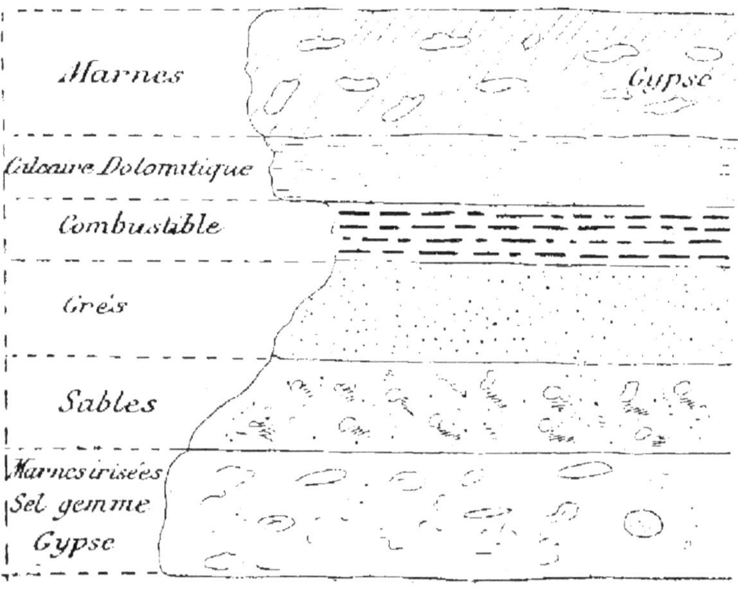

Fig. 51. — Coupe en Lorraine du Trias.

On trouve dans le grès rouge vosgien des empreintes de pieds d'oiseaux énormes (Connecticut).

Trias. — Recouvre le terrain permien avec lequel quelques géologues croient devoir le classer.

Il est très développé dans les Vosges.

Le trias se divise en trois étages :

1° Marnes irisées (Keuper) ;

2° Terrain conchylien (Muschelkalk) (calcaire coquillier compacte) ;

3° Grès bigarré (Bunter Sandstein).

On y trouve comme fossiles :

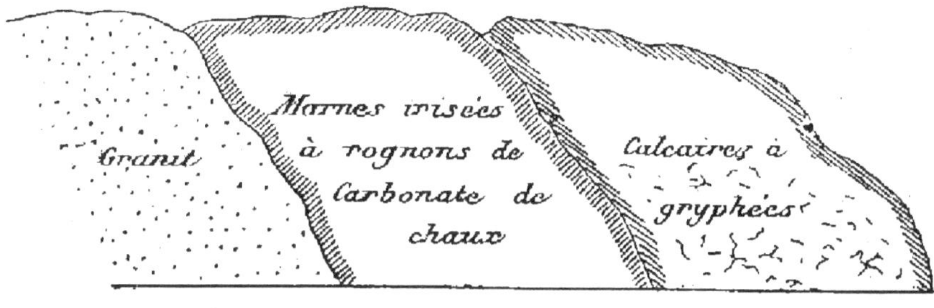

Fig. 52. — Coupe à Chessy.

MARNES IRISÉES.

Pterophyllum Pleiningerii.
Ammonites.
Nilsonia (plante).

TERRAIN CONCHYLIEN (Muschelkalk).

Tortues.
Nautulus arietis.
Ammonites nodusus.
Avicula socialis.
Trigonia vulgaris.
Encrines.

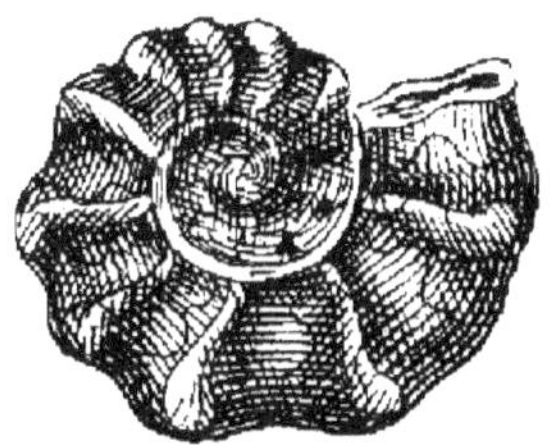

Fig. 53. — Ammonites nodusus.

GRÈS BIGARRÉ.

Voltzia heterophylla (conifère).
Equisetum arenaceum (plante de la famille des équisétacées).
Calamites arenaceus.
Labyrinthodonte (reptile).

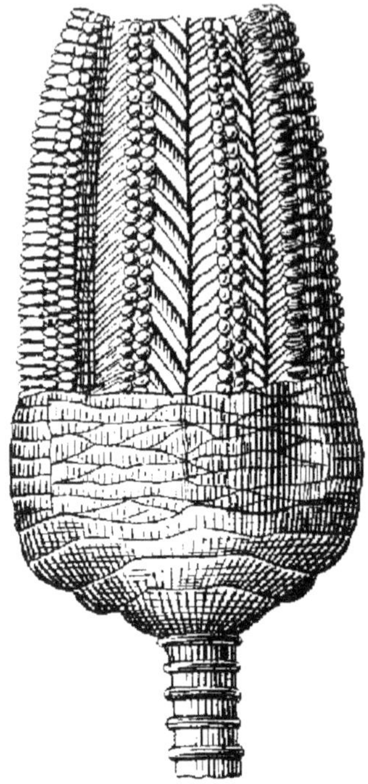

Fig. 54. — Encrinus liliiformis.

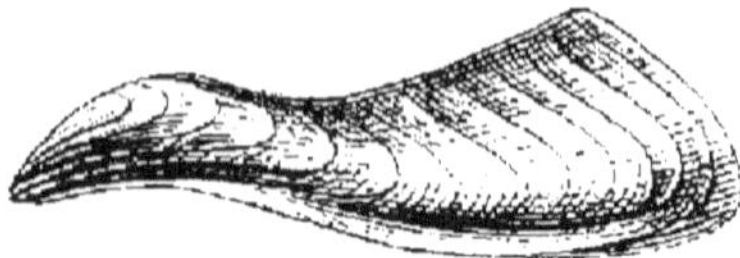

Fig. 55. — Avicula socialis.

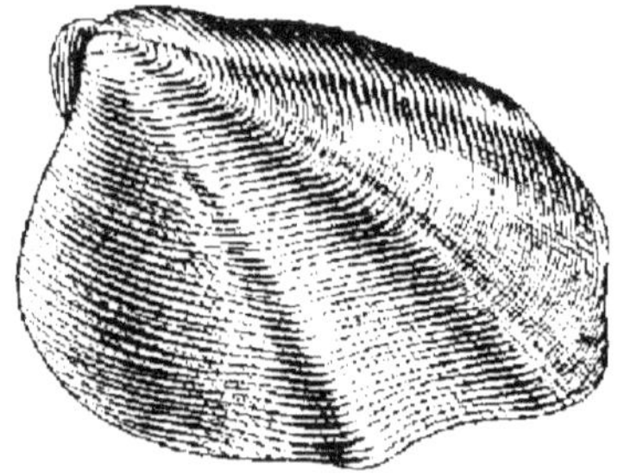

Fig. 57. — Trigonia vulgaris.

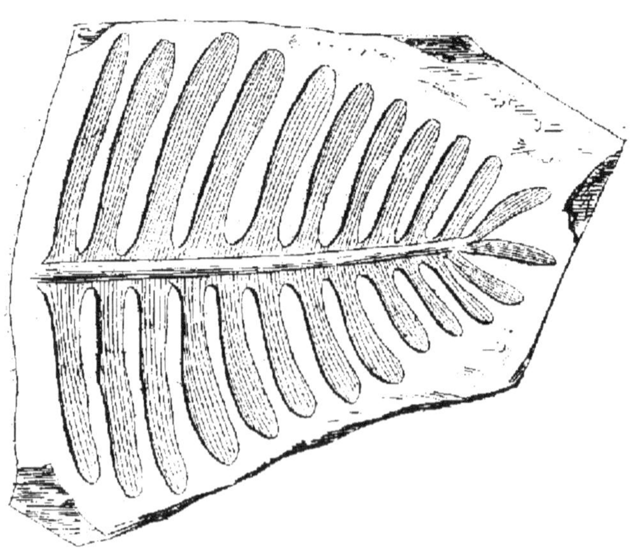

Fig. 56. — Pterophyllum Pleiningerii.

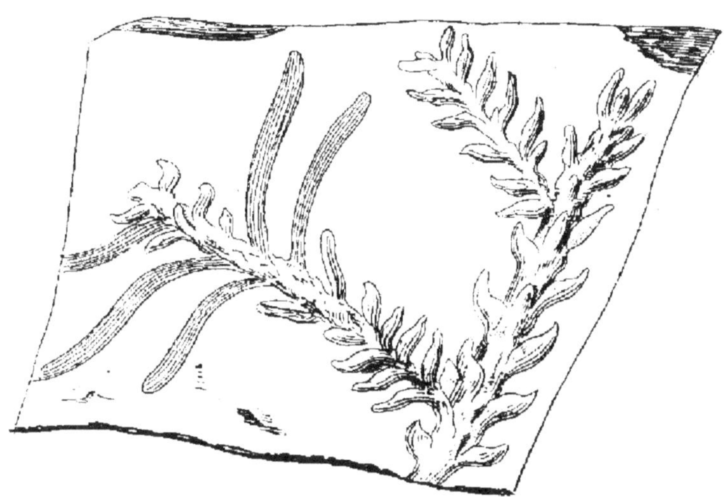

Fig. 58. — Voltzia heterophylla.

Lias. — Le lias, situé à la base du terrain jurassique, est remarquable par la netteté des fossiles nombreux qu'on y trouve et par l'apparition des bélemnites.

Il se divise en trois étages :

Étage supérieur	Marnes schistoïdes (alun). Calcaire à grains d'argile.
Étage moyen...	Macigno ferrugineux. Marnes bleues et marnes blanches.
Étage inférieur.	Argiles. Calcaire à gryphées. Grès du Lias.

On y trouve comme *fossiles* :

Étage supérieur.

Ammonites Walcoti.
Belemnites compressus.
— pistiliformis.

Avicula inæquivalvis.
Trigonia clavellata.
Ichthyosaurus (saurien).

Plésiosaurus (saurien).
Ptérodactylus (saurien volant).
Cycadées.

Poches d'encre (débris desquels on tire de l'encre).

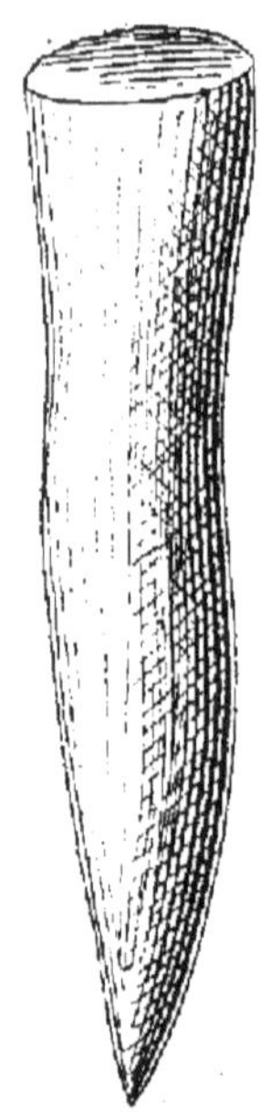

Fig. 59. — Belemnites compressus.

Fig. 60. — Ammonites Walcoti.

Fig. 61. — Belemnites pistiliformis.

Fig. 62. — Avicula inæquivavis.

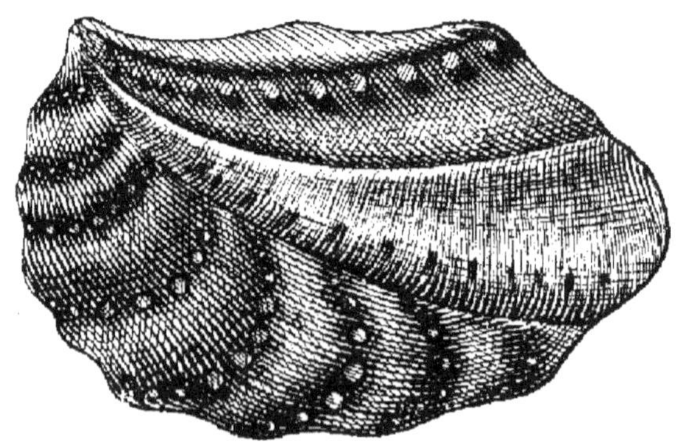

Fig. 63. — Trigonia clavellata.

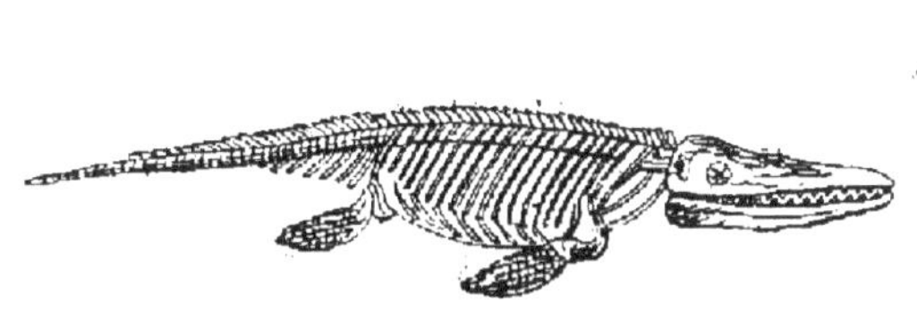

Fig. 64. — Ichthyosaurus communis.

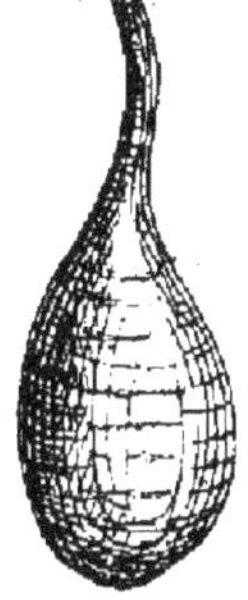

Fig. 65. — Poche d'encre.

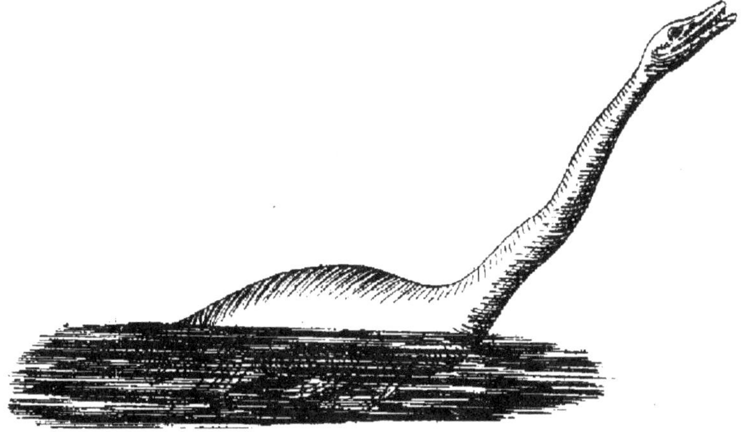

Fig. 66. — Plesiosaurus dolichodeirus.

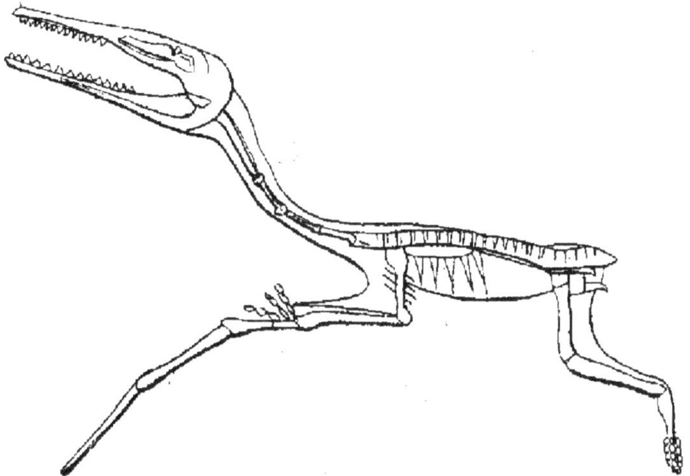

Fig. 67. — Pterodactylus longirostris.

Étage moyen.

Ammonites Buklandi.
Plicatule épineuse.
Spirifer Walcoti.
Plagiostoma giganteum.

Fig. 68. — Ammonites Buklandi.

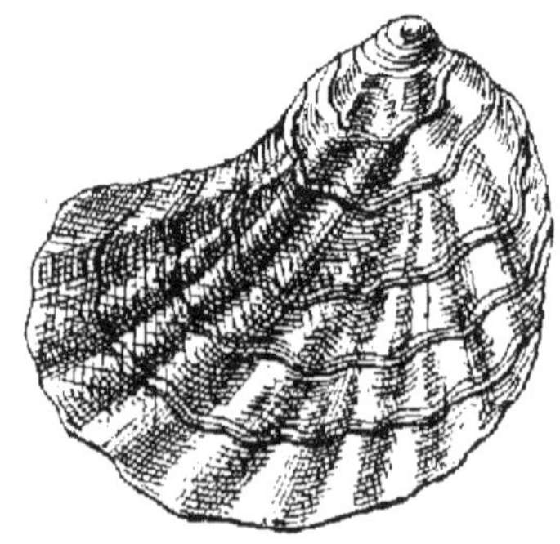

Fig. 69. — Plicatule épineuse.

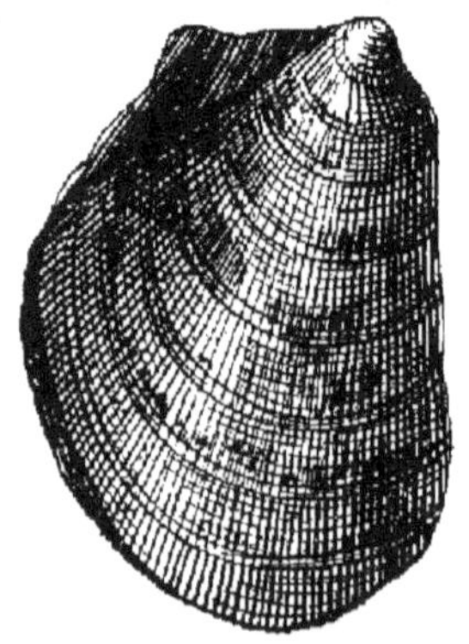

Fig. 70. — Plagiostoma giganteum.

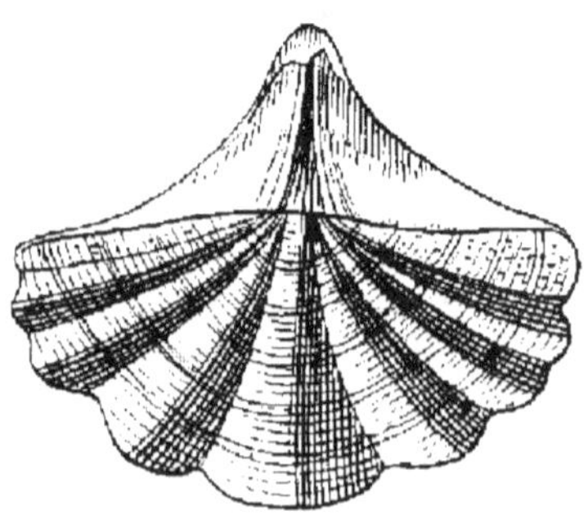

Fig. 71. — Spirifer Walcoti.

Étage inférieur.

Gryphæa arcuata.
Pecten lugdunensis.
Diadema seriale.

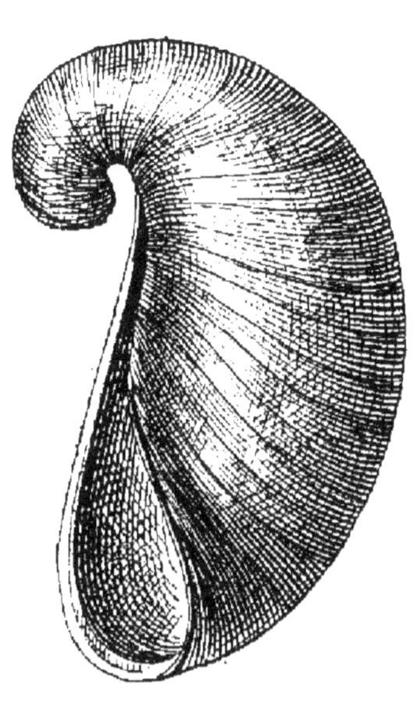

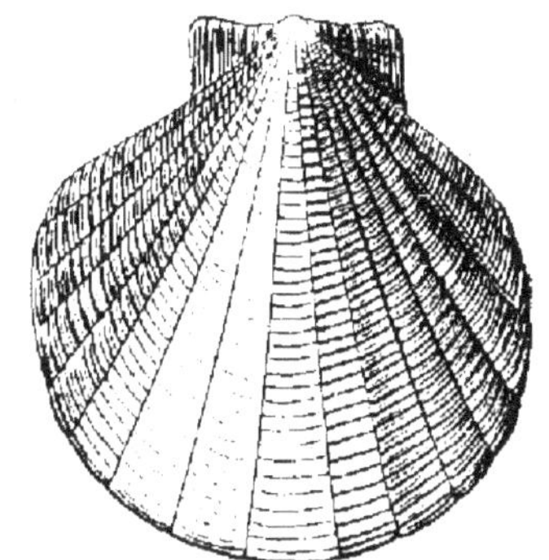

Fig. 73. — Pecten lugdunensis.

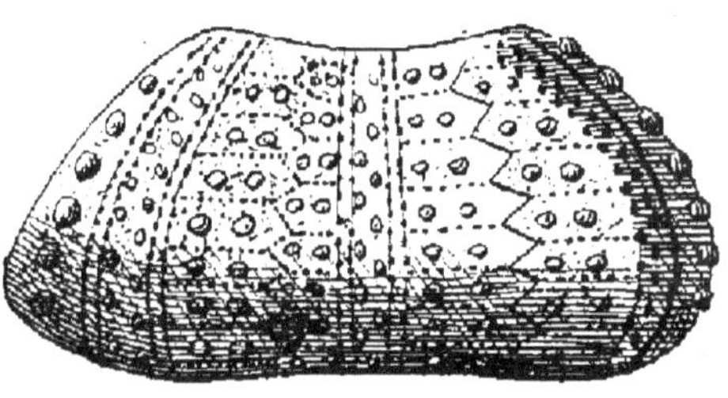

Fig. 72. — Gryphæa arcuata. Fig. 74. — Diadema seriale.

Terrain jurassique. — Il vient immédiatement au-dessus du *Lias*.

En Angleterre on a divisé le terrain jurassique en trois étages subdivisés eux-mêmes ainsi que l'indique le tableau suivant :

Étage oolitique supérieur.	Calcaire de Portland.	Très coquillier. Pierre à bâtir.
	Kimmeridge Clay...	Argile renfermant du lignite. Grande quantité d'*Ostrea virgula*. Argile de Honfleur.

Étage oolitique moyen.	Coral rag..........	Étage oxfordien. Bancs à polypiers. Pierre de taille.
	Calcareous grit.....	Sables. Grès calcarifères.
	Oxford Clay........	Sables, calcaires ferrugineux. (*Ostrea dilatata.*) Argile de Dives.
Étage oolitique inférieur.	Cornbrash	Calcaire schistoïde. Calcaire de Caen.
	Forest marble......	Calcaire coquillier donnant un beau marbre.
	Bradford Clay......	Argiles renfermant l'A-*piocrinites rotundus.*
	Great oolite........	Bancs d'oolite.
	Fuller's earth.......	Argiles, terre à foulons.
	Inferior oolite......	Étage calcaire où l'on a trouvé les premiers restes de mammifères reconnus dans les terrains secondaires.

Dans le terrain jurassique, on trouve les fossiles ci-après désignés :

ÉTAGE OOLITIQUE SUPÉRIEUR.

Paludina suxesiensis.
Physa Bristovii.
Trigonia gibbosa.
Ostrea deltoidea.
— expansa.
Cardium dissimile.
Ostrea virgula.
Mya rugosa.
Pholadomya acuticosta.
Terebratula sulla.
Zamia feneonis.

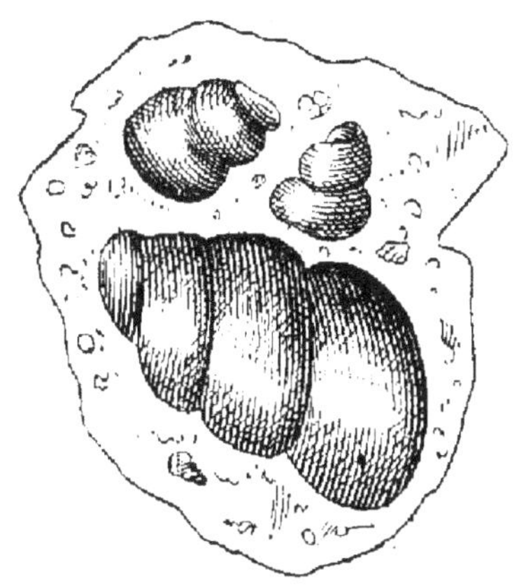

Fig. 75. — Paludina suxesiensis.

Fig. 76. — Physa Bristovii.

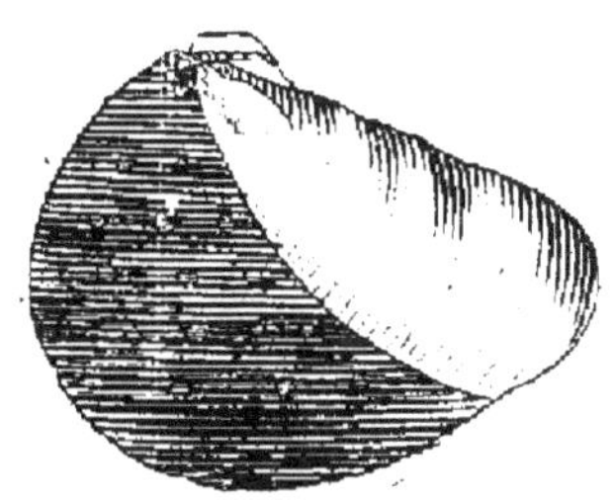

Fig. 77. — Trigonia gibbosa.

Fig. 78. — Cardium dissimile.

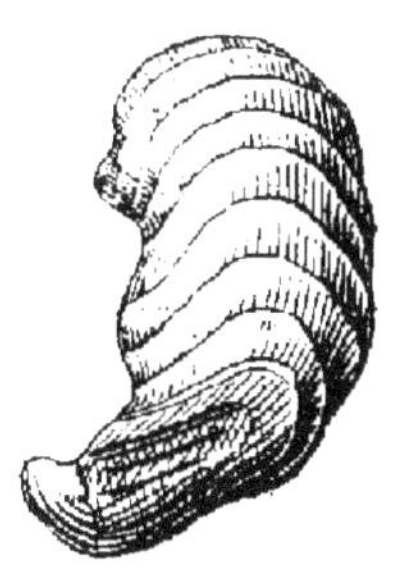

Fig. 79. — Ostrea virgula.

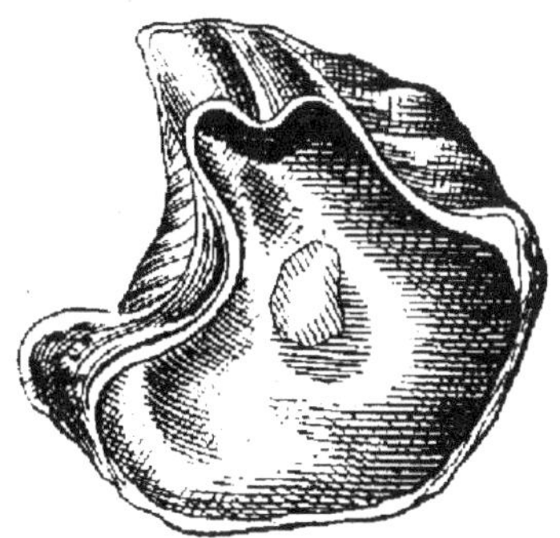

Fig. 80. — Ostrea deltoidea.

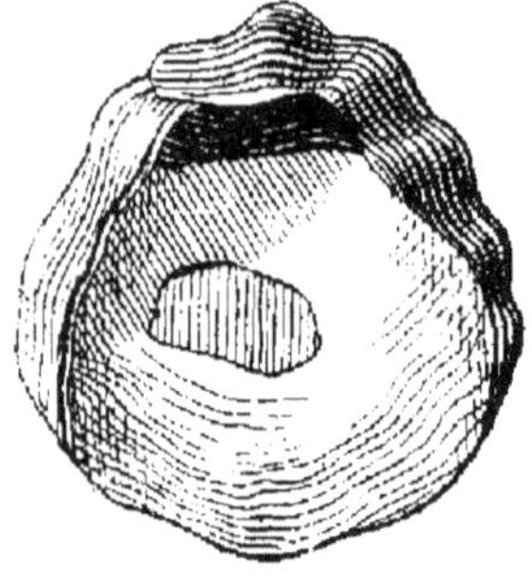

Fig. 81. — Ostrea expansa.

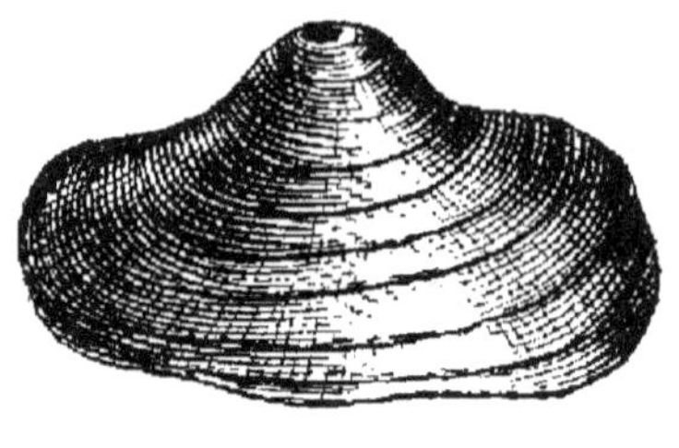

Fig. 82. — Mya rugosa.

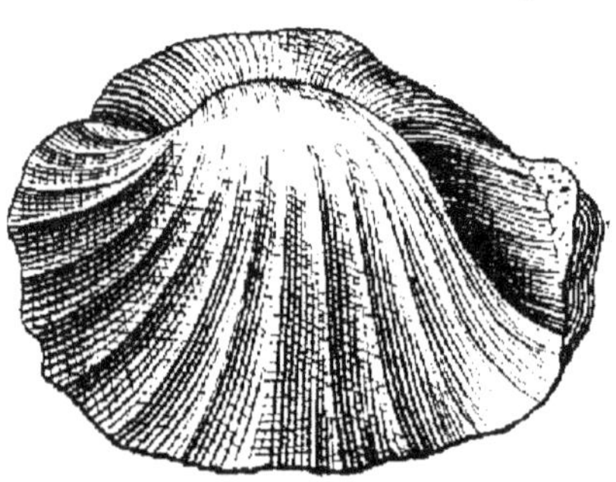

Fig. 83. — Pholadomya acuticosta.

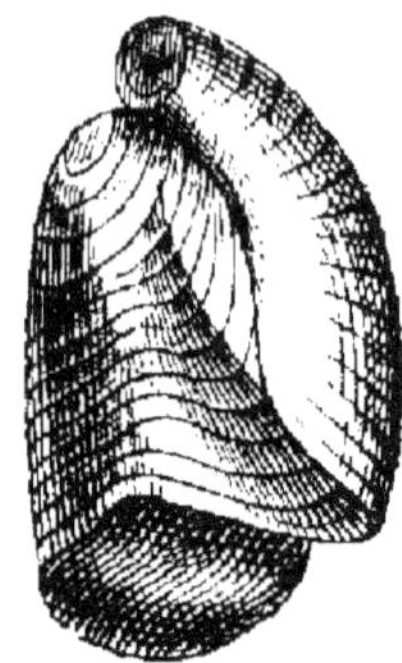

Fig. 84. — Terebratula sulla.

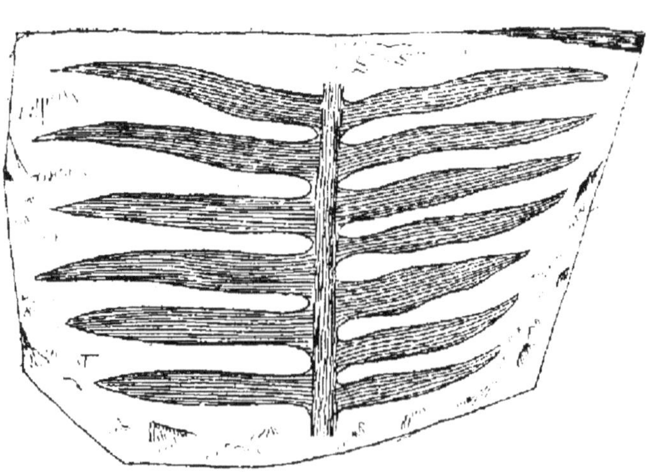

Fig. 85. — Zamia feneonis.

ÉTAGE OOLITIQUE MOYEN.

Grande quantité de polypiers.
Ostrea dilatata.
Nerinea mosæa.
— Godhallii.
Astarte minima.
— elegans.
Diceras arietina.
Cidaris coronata (Échinoderme).
Ananchites bicordatus.
Ostrea Marshii.
Terebratula Thurmanni.
— impressa.

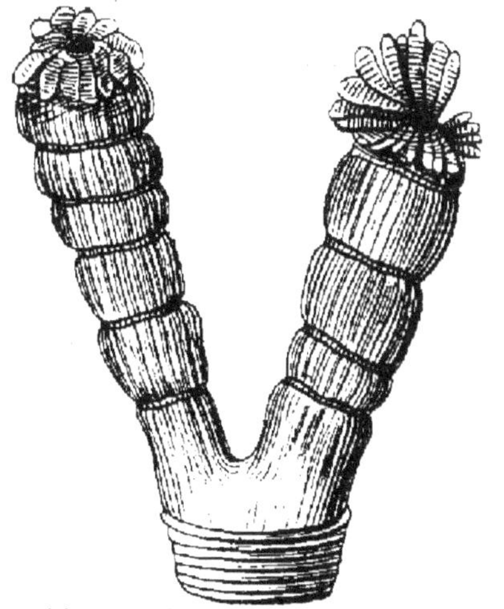

Fig. 86. — Thecosmilia annularis.

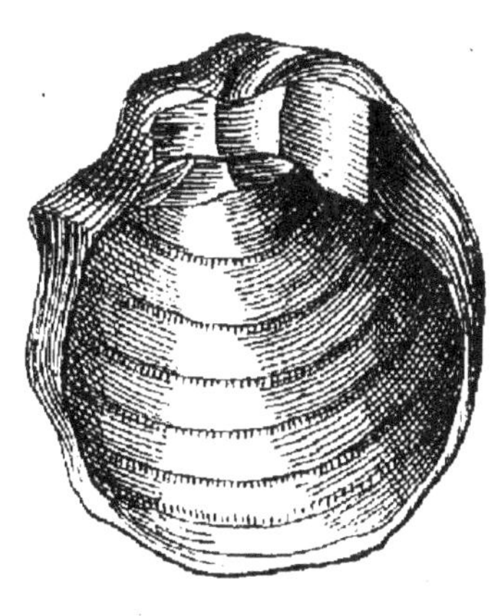

Fig. 87. — Ostrea dilatata.

Fig. 88. — Terebratula impressa.

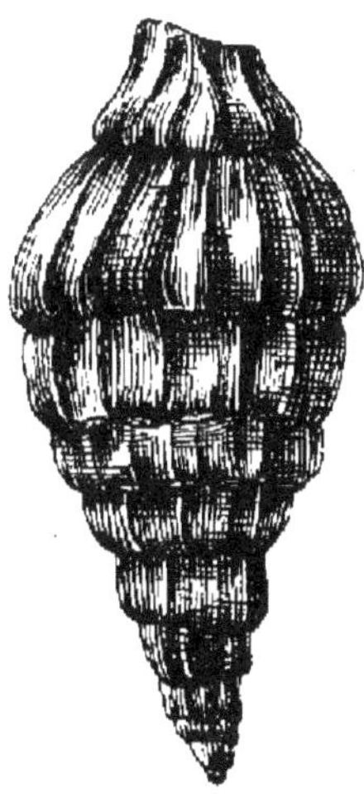

Fig. 89. — Nerinea mosæa.

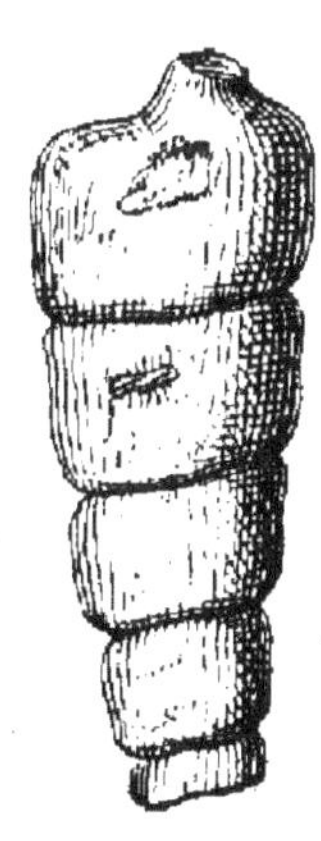

Fig. 90. — Nerinea Godhallii.

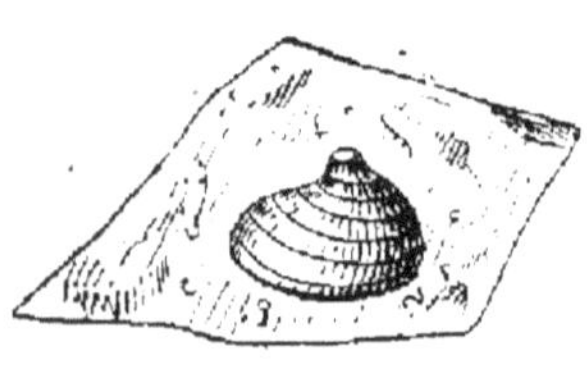

Fig. 91. — Astarte minima.

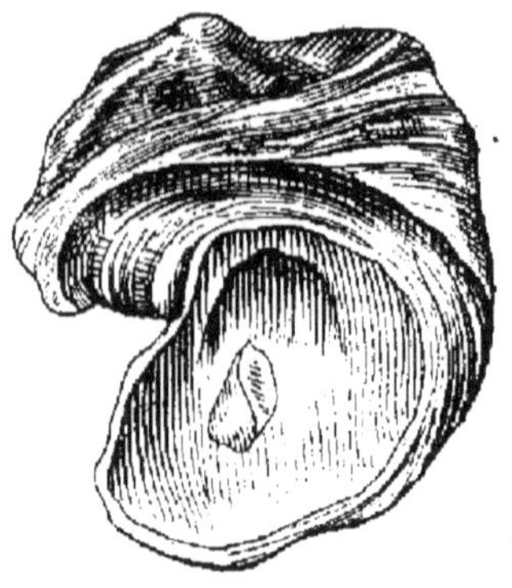

Fig. 92. — Diceras arietina.

Fig. 93. — Astarte elegans.

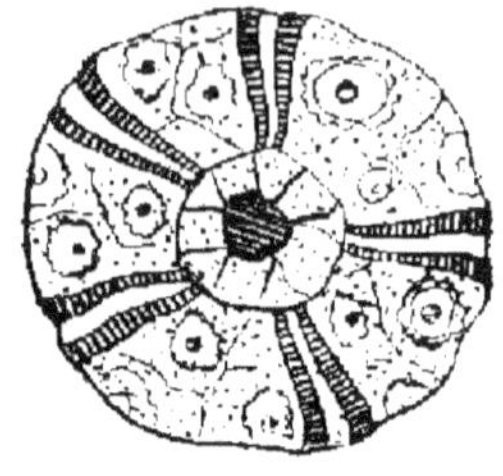

Fig. 94. — Cidaris coronata.

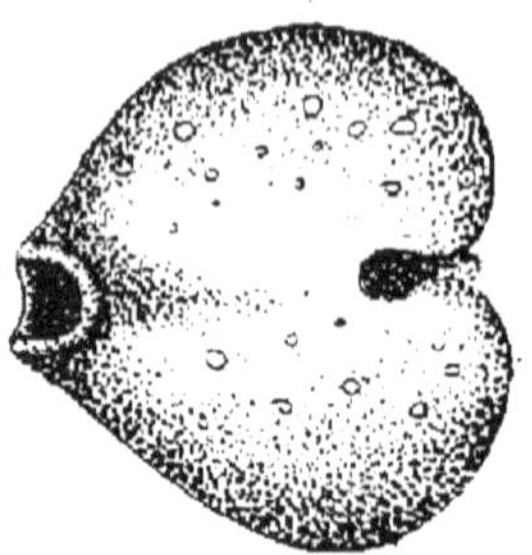

Fig. 95. — Ananchites bicordatus.

Fig. 96. — Terebratula Thurmanni.

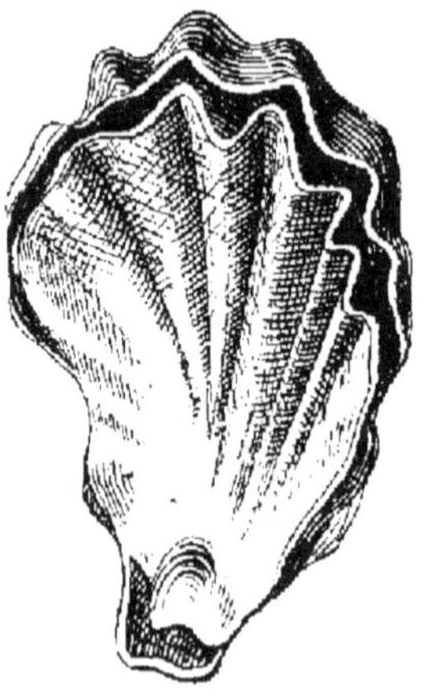

Fig. 97. — Ostrea marshii.

ÉTAGE OOLITIQUE INFÉRIEUR.

Didelphus Bucklandi (mammifère).
Apiocrinites rotundus.
Gryphæa cymbium.
Ostrea acuminata.
Terebratula digona.
— globata.
Terebratula spinosa.
Ammonites Brongniarti.
— striatulus.
Pleurotomaria conoidea.
Brachyphyllum (conifère).
Pterophyllum (cycadées).
Equisetum columnare.

Fig. 98. — Apiocrinites rotundus.

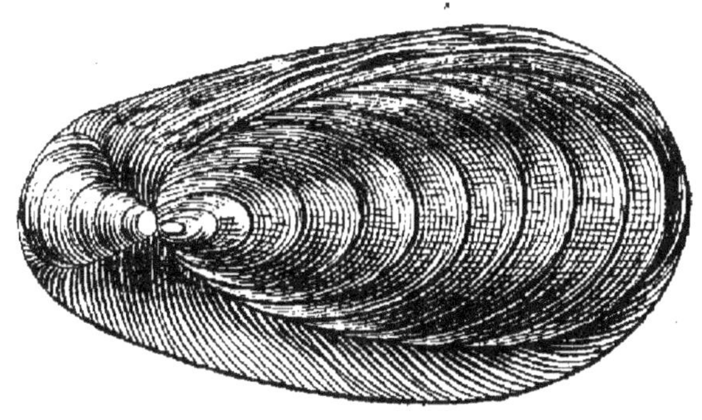

Fig. 99. — Griphæa cymbium.

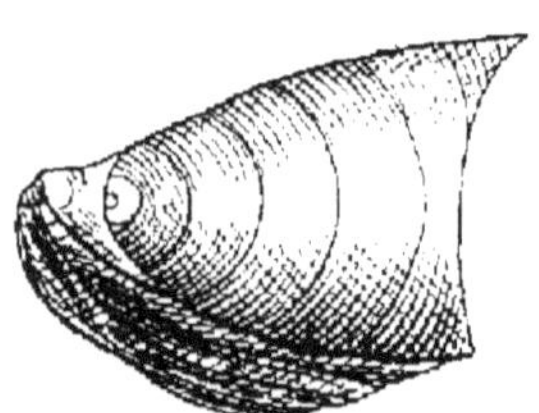

Fig. 101. — Terebratula digona.

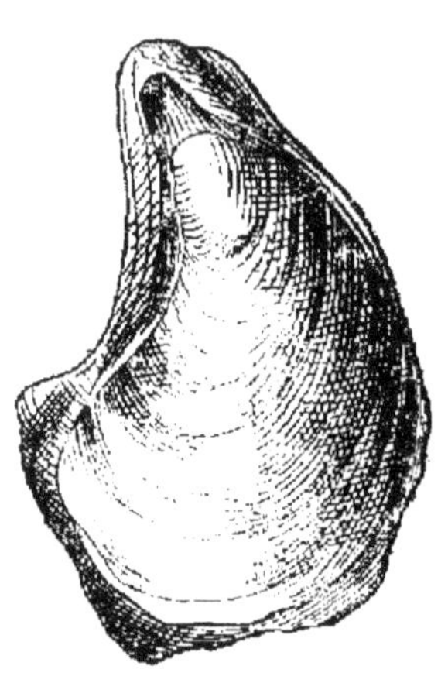

Fig. 100. — Ostrea acuminata.

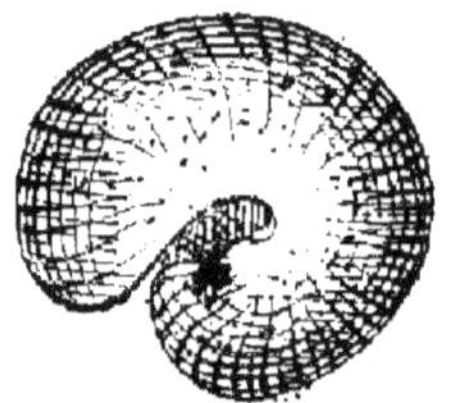

Fig. 102. — Ammonites Brongniarti.

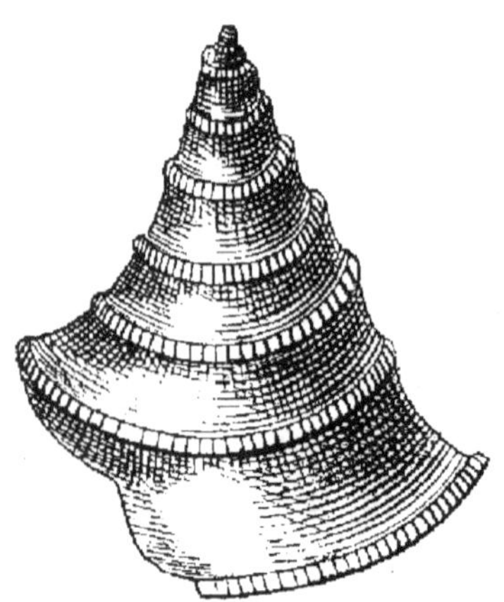

Fig. 103. — Pleurotomaria conoidea.

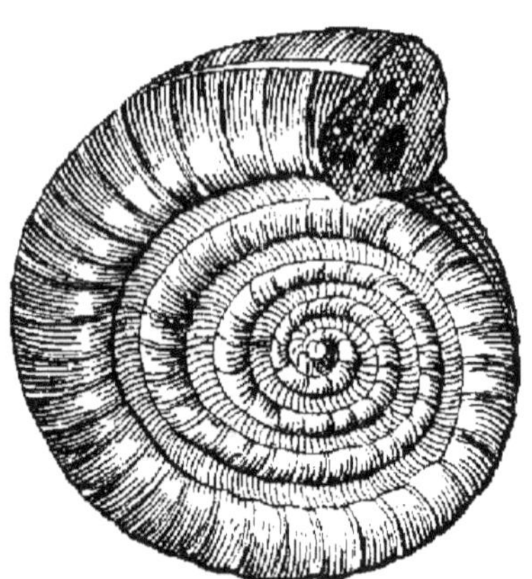

Fig. 104. — Ammonites striatulus.

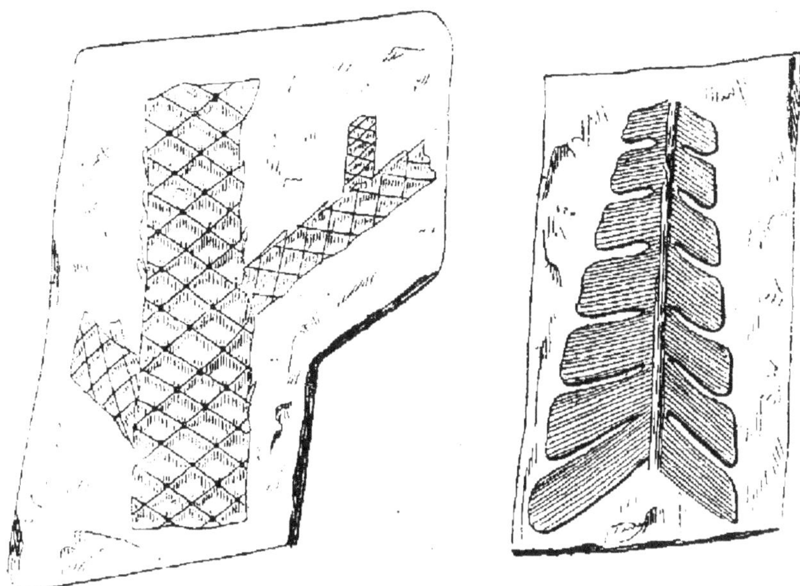

Fig. 105. — Brachyphyllum. Fig. 106. — Pterophyllum.

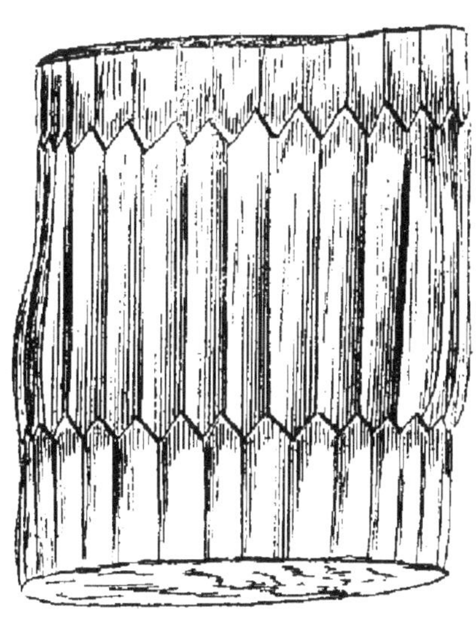

Fig. 107. — Equisetum columnare.

Terrain crétacé. — Ce terrain se trouve immédiatement au-dessous des terrains tertiaires ; il constitue le dépôt supérieur des terrains secondaires.

Arénacé à la base, calcaire au sommet ; il est très développé à Paris : le puits de Grenelle a une profondeur de 540 mètres et ne l'a pas traversé.

Les roches éruptives *Trapps*, *Trachytes*, *Porphyres*, etc., ont même pénétré jusqu'à cet étage supérieur des terrains secondaires.

Il a été généralement divisé en trois étages :

Chalk.........	Craie blanche...	Upper chalk (supérieure).
		Lower chalk (inférieure.
	Craie grise......	Marly chalk (marneuse tuffeau).
Greensand.....	Upper Greensand	Sables verts.
		Chlorités.
	Gault...........	Marne argileuse, gris bleuâtre.
	Lower Greensand	Sables.
Étage Wealdien.	Weald Clay.....	Argile grise et bleue.
	Hastings Sand...	Sables ferrugineux.
	Calcaire de Purbeck.	

Autre classification :

Terrain nummulitique.. (de convention).	
Crétacé supérieur...	Calcaire pizolitique.
	Craie blanche avec silex.
	Craie blanche sans silex.
	Craie marneuse.

Crétacé inférieur...	Grès vert supérieur. Gault. Grès vert inférieur. Terrain néocomien.

Le terrain nummulitique, très caractérisé en Savoie et dans les Pyrénées, est un terrain de convention formé de dépôts puissants de calcaire presque entièrement composé de *Nummulites*.

Il est placé entre le Crétacé et le tertiaire inférieur (Éocène). Quelques géologues en ont fait un étage particulier. On y rencontre, outre des empreintes de végétaux : l'*ostrea columba*, etc.

En Provence, le Crétacé se présente comme suit :

Craie blanche....	Craie supérieure. Craie à bélemnites.
Tuffeau.........	Craie à rudistes. Craie à *Ostrea columba*.
Gault...........	Sables marneux.
Terrain néocomien	Argile à plicatules. Argile à huîtres. Limonite. Calcaire à *spatangus*. Fer géodique. Marne argileuse.

Comme fossiles on trouve :

1° *Terrain nummulitique ;*

Des nummulites.

2° Craie blanche ; les fossiles suivants :

Belemnites mucronatus.
— quadratus.
Plagiostoma spinosum.
Ostrea vesicularis.
Catillus Cuvieri.
Ananchites ovatus.
Spherulites ventricosa.
Hippurites organisans.
Nautilus danicus.
Baculites Faujasii.
Micraster cor-testudinarium.
Le mosasaure de Maëstricht (énorme saurien de 8 mètres de longueur).

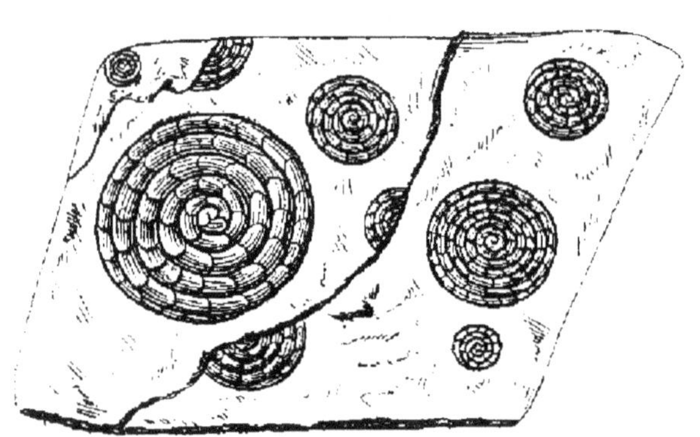

Fig. 108. — Calcaire à nummulites.

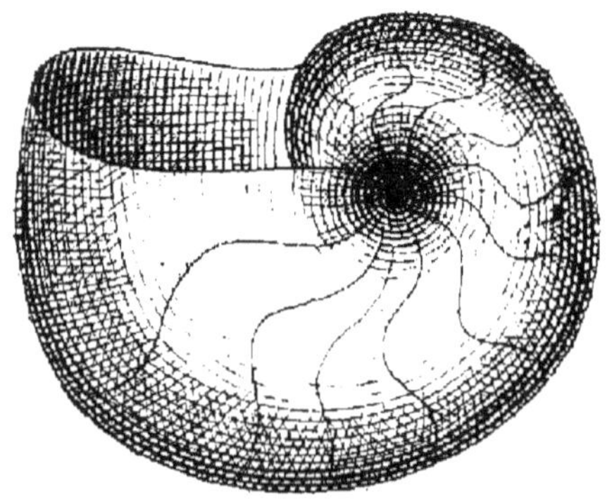

Fig. 109. — Nautilus danicus.

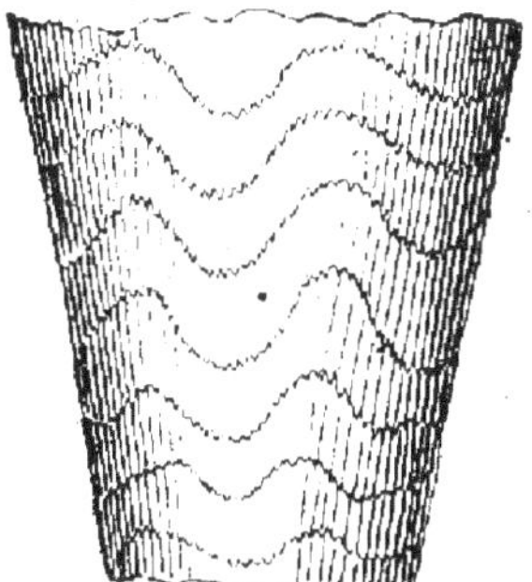

Fig. 110. — Baculite.

Fig. 111. — Plagiostoma spinosum.

Fig. 112. — Belemnites mucronatus.

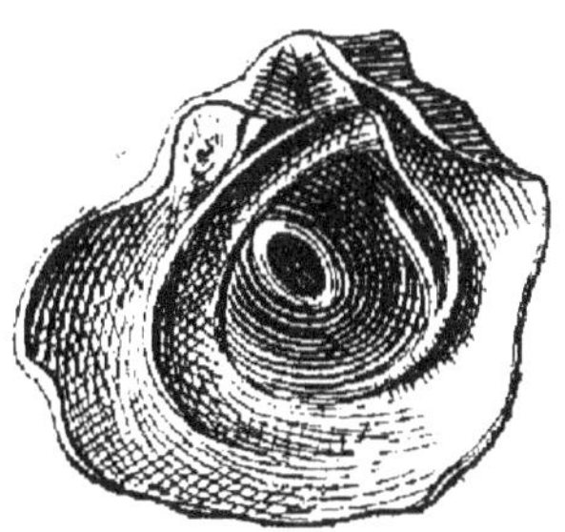

Fig. 113. — Ostrea vesicularis.

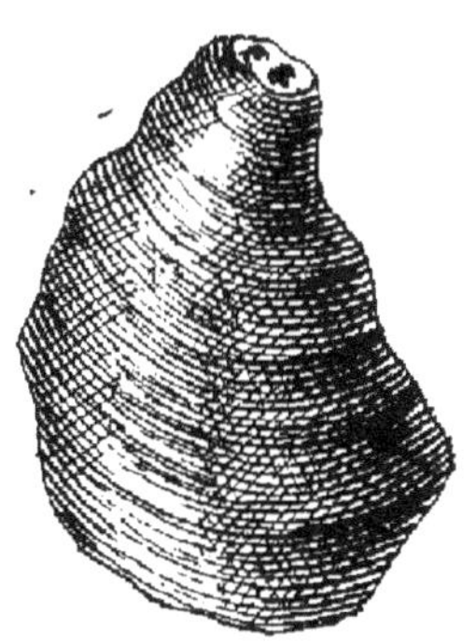

Fig. 114. — Catillus Cuvieri.

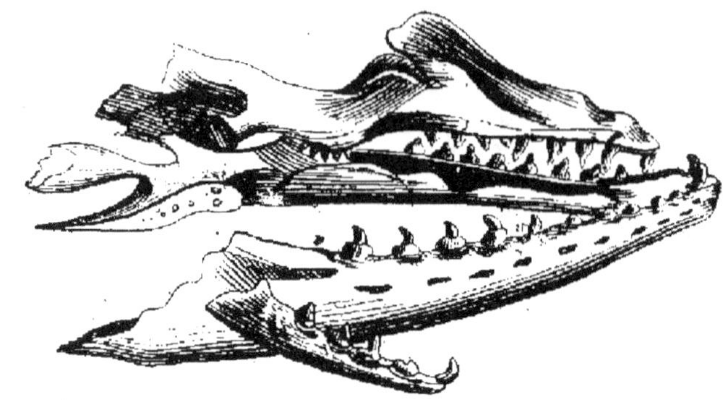

Fig. 115. — Mâchoires du Mosasaure.

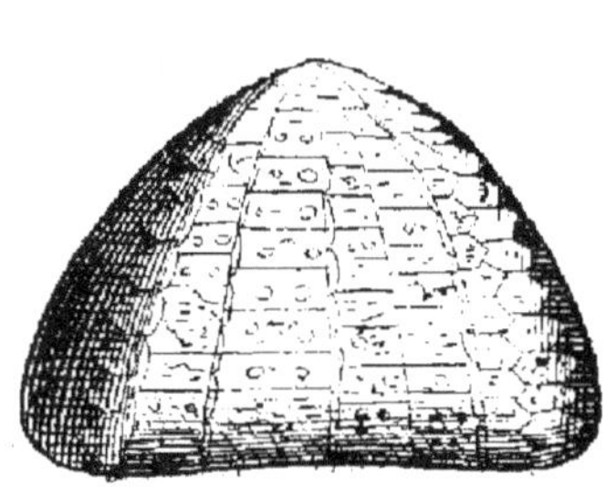

Fig. 116. — Ananchites ovatus.

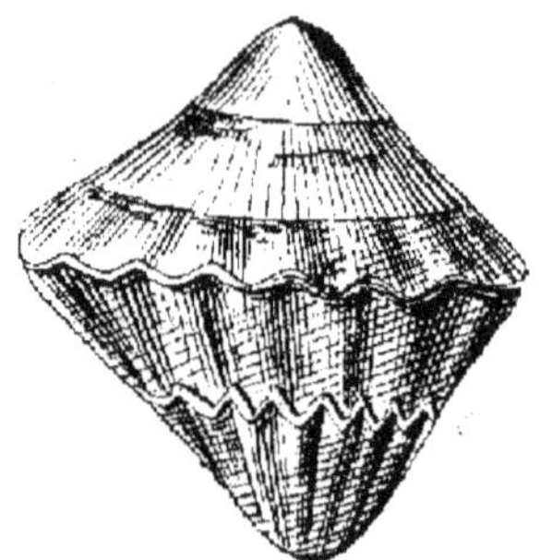

Fig. 117. — Spherulites ventricosa.

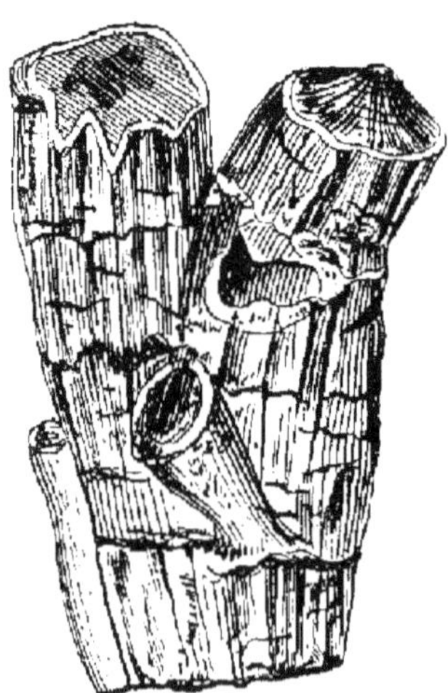

Fig. 118. — Hippurites organisans.

Dans le *Tuffeau-Greensand* on trouve les fossiles ci-après désignés :

Ammonites rothomagensis.
— varians.
— monile.
Scaphites æqualis.
Rhynchonella Cuvieri.
Ostrea columba.
Ostrea carinata.
Inoceramus concentricus.
Exogyra sinuata.
Plicatula placunea.
Nacula pectinata.
Hamites.

Fig. 119. — Hamites.

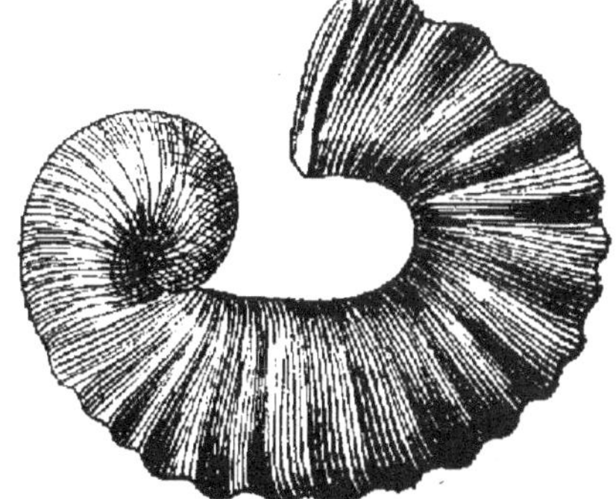

Fig. 120. — Scaphites æqualis.

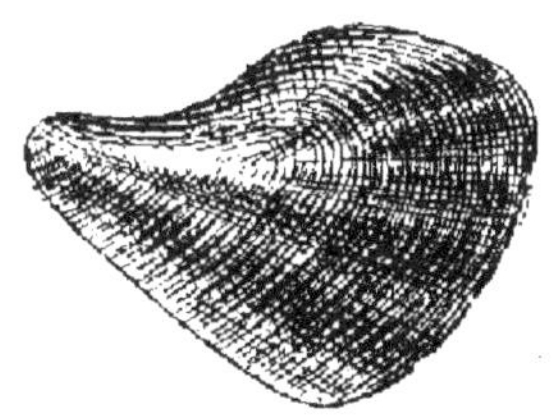

Fig. 121. — Ostrea columba.

Fig. 122. — Rhynchonella Cuvieri.

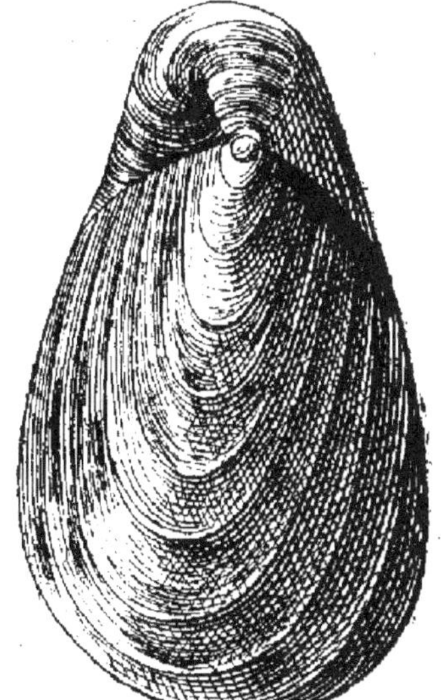

Fig. 123. — Inoceramus concentricus.

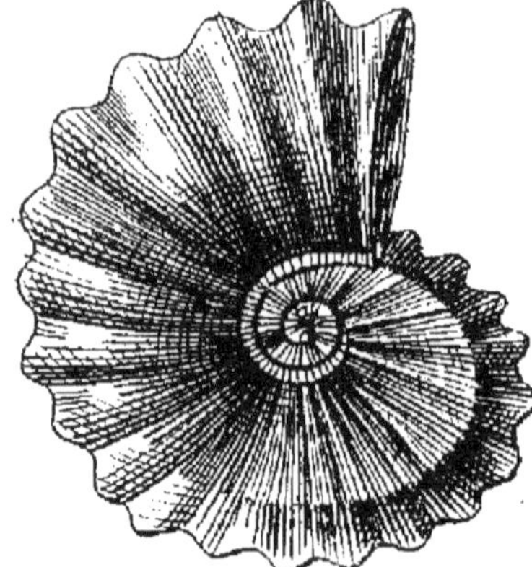

Fig. 124. — Ammonites rothomagensis.

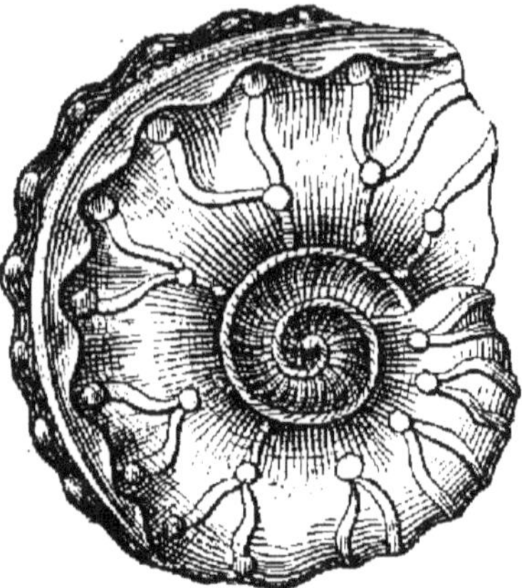

Fig. 125. — Ammonites varians.

Fig. 126. — Ostrea carinata.

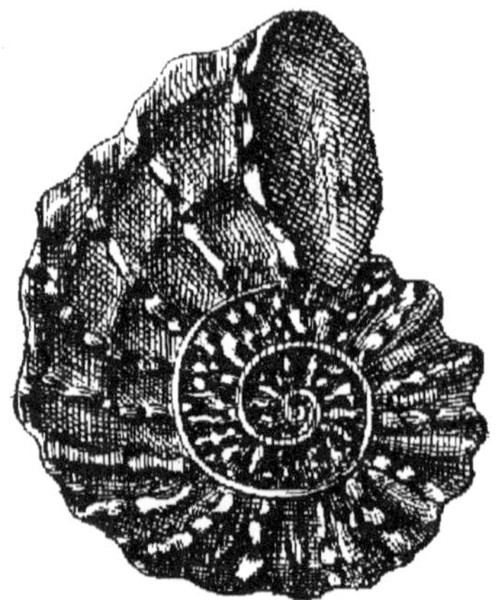

Fig. 127. — Ammonites monile.

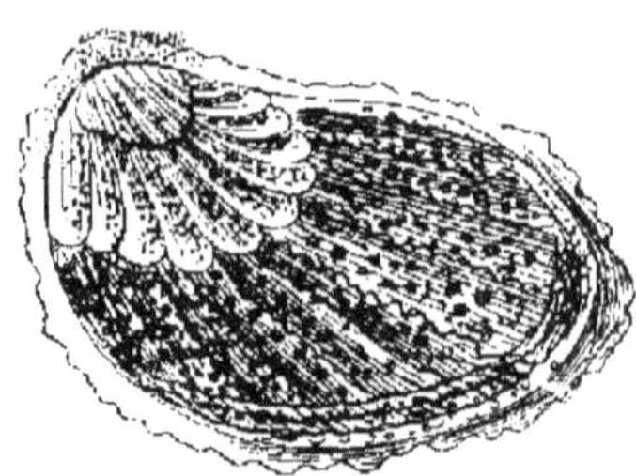

Fig. 129. — Plicatula placunea.

Fig. 128. — Exogyra sinuata.

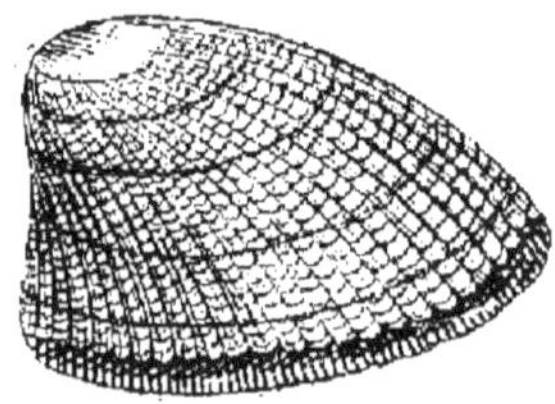

Fig. 130. — Nacula pectinata.

Étage wealdien. — *Néocomien.*

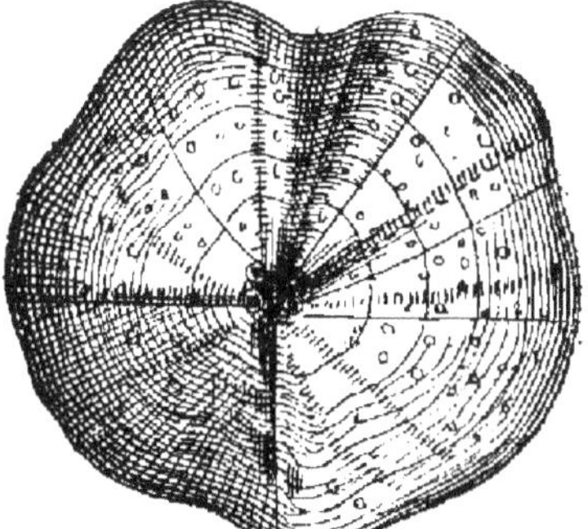

Fig. 131. — Spatangus retusus.

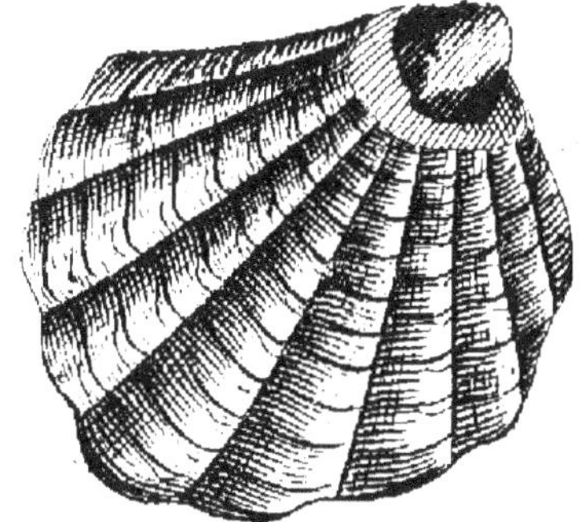

Fig. 132. — Plicatula radiola.

Fig. 133. — Chama ammonia.

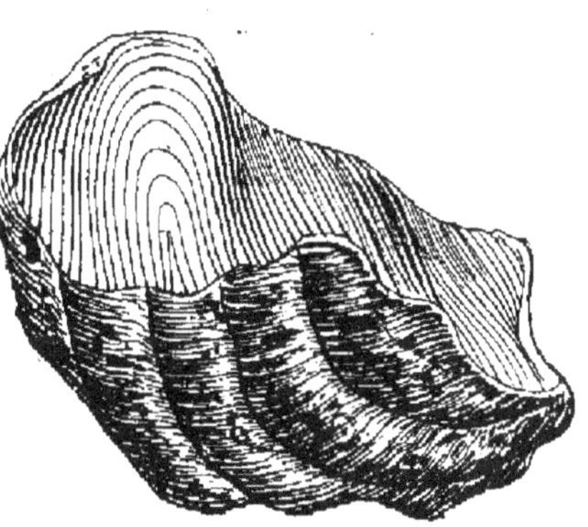

Fig. 135. — Ostrea Couloni.

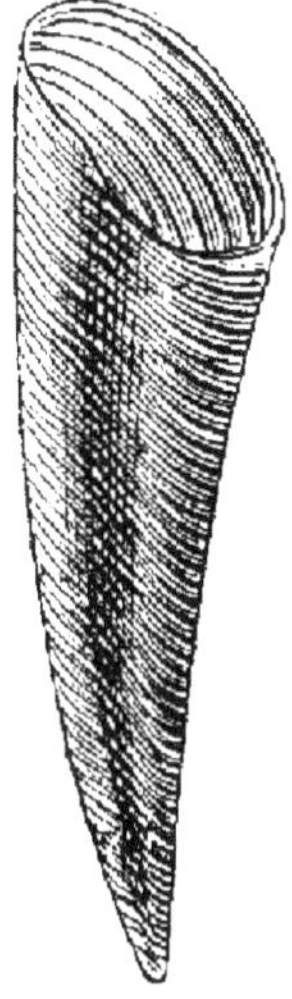

Fig. 134. — Radiolites neocomiensis.

Fig. 136. — Mantellia nidiformis.

On y trouve les fossiles ci-après :

Mantellia nidiformis (cycadées)	Ammonites radiatus.
Spatangus retusus.	Chama ammonia.
Plicatula radiola.	Radiolites neocomiensis.
Belemnites dilatatus.	Ostrea Couloni.

TERRAINS TERTIAIRES.

Les bassins tertiaires sont petits et nombreux. Ils ont été divisés en trois étages :

1er Étage inférieur	....	Éocène.
2e — moyen	....	Miocène.
3e — supérieur	....	Pliocène.

Cette classification a été établie d'après les espèces fossiles, classées elles-mêmes en trois groupes.

Elle n'est cependant pas absolue, certaines espèces passant facilement d'un étage à l'étage voisin, mais il n'a pas été possible, étant donnée l'absence presque complète de caractères généraux, d'établir un classement de terrains présentant, dans chaque bassin, une succession particulière des couches et des caractères isolés.

Ces terrains sont généralement composés de calcaires grossiers de conglomérats d'argiles, grès, marnes, gypses et d'une grande accumulation de débris organiques,

Eocène. — Cet étage est à la base du terrain tertiaire. Il est généralement composé d'argiles, de calcaires grossiers, de calcaires coquilliers, de mollasse.

Quelques géologues ont fait de la mollasse un terrain particulier composé principalement de dépôts considérables de sables, de grès plus ou moins coquilliers.

A Paris (où l'étage pliocène manque), la coupe de l'éocène est la suivante :

Éocène à Paris.	Calcaire siliceux (Calcaires de la Brie. — Meulières).
	Gypse de Montmartre (étudié par Cuvier).
	Calcaire de Saint-Ouen.
	Grès de Beauchamp (caillasse).
	Calcaire grossier de Paris.
	Sables et lignites.
	Argile plastique (poteries).

On a trouvé, à Auteuil, de l'ambre jaune, des arbres silicifiés, de la strontiane carbonatée.

A Londres, l'étage miocène manque ; la coupe de l'éocène est la suivante :

Miocène	Supérieur.
	Moyen.
	Inférieur.

Les terrains tertiaires de l'Apennin septentrional sont les plus complets ; ils ont été classés en trois groupes :

Éocène à Londres.	Sables rouge et vert (Marnes feuilletées, chloritées).
	London Clay (argile de Londres).
	Argile panachée (argile plastique de Woolwich).

Éocène........... { Supérieur.
Moyen.
Inférieur.

Pliocène........... { Supérieur.
Moyen.
Inférieur.

Comme fossiles on trouve :

Cyclostoma mumia.
Cytherea plana.
Lymnæa longiscata.
Cerithium giganteum.
Turritella imbricataria.
Cassis cancellata.
Ampullaria acuta.
Terebellum fusiforme.
Crassatella sulcata.
Cardium porulosum.
Cardita planicosta.
Marginella ovulata.
Paludina.
Calyptræa trochiformis.
Chama lamellosa.
Turbinolia sulcata.
Nummulites.

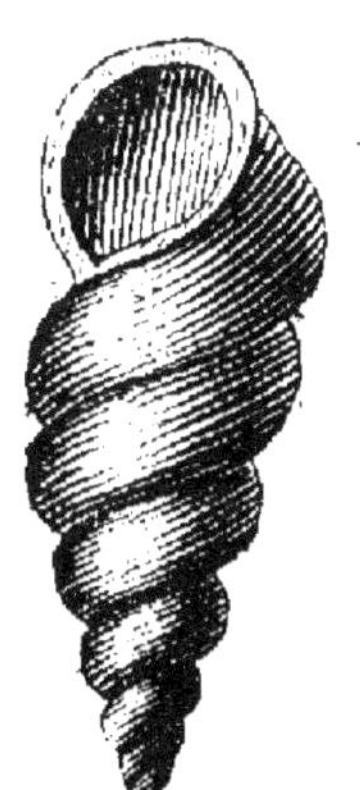

Fig. 137. — Cyclostoma mumia.

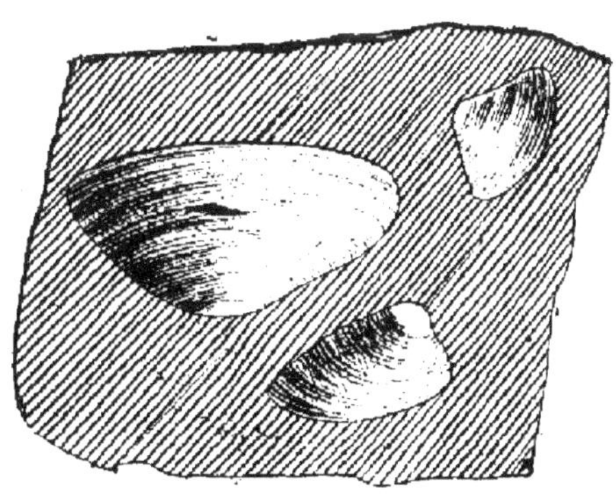

Fig. 138. — Cytherea plana.

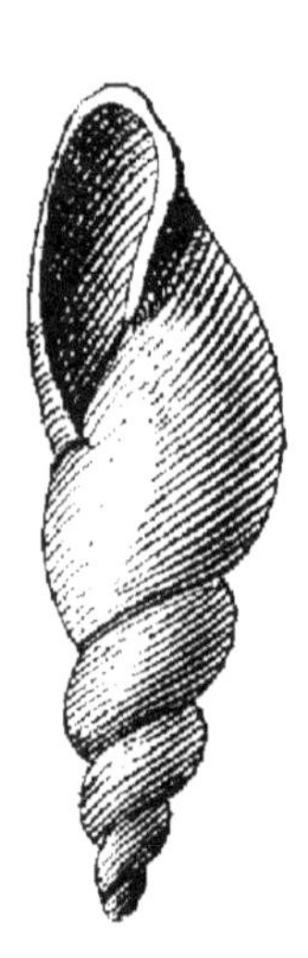

Fig. 139. — Lymnæa longiscata.

Fig. 140. — Turritella imbricataria.

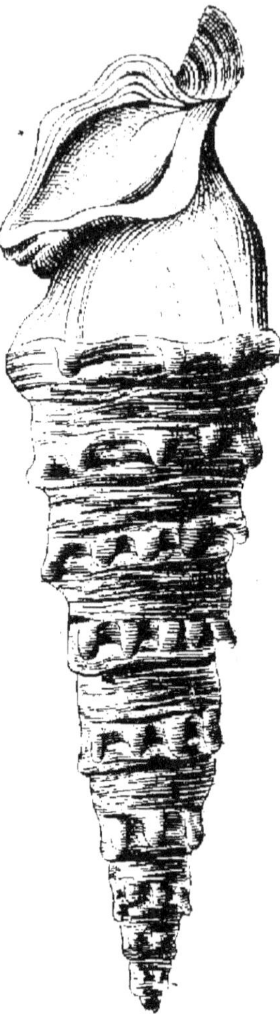

Fig. 141. — Cerithium giganteum.

Fig. 142. — Cassis cancellata.

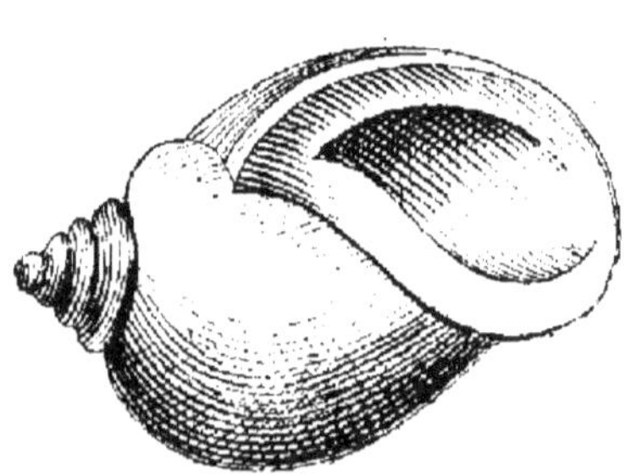

Fig. 143. — Ampullaria acuta.

Fig. 144. — Terebellum fusiforme.

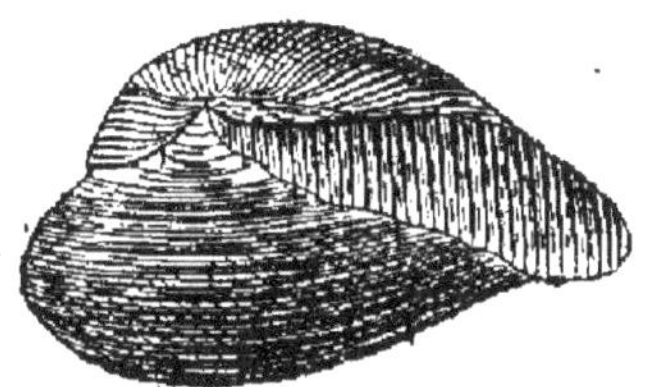

Fig. 145. — Crassatella sulcata.

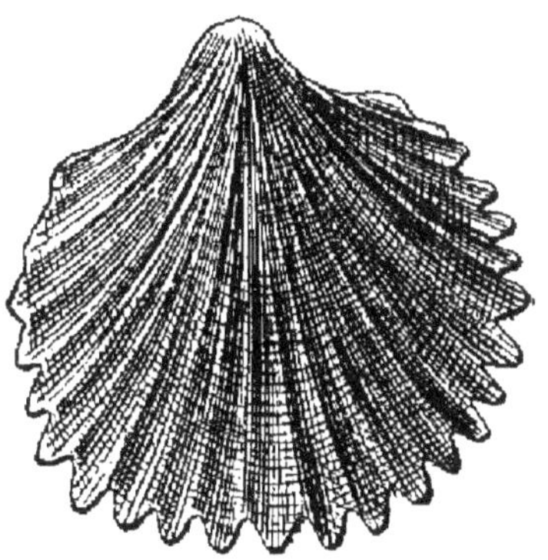

Fig. 146. — Cardium porulosum.

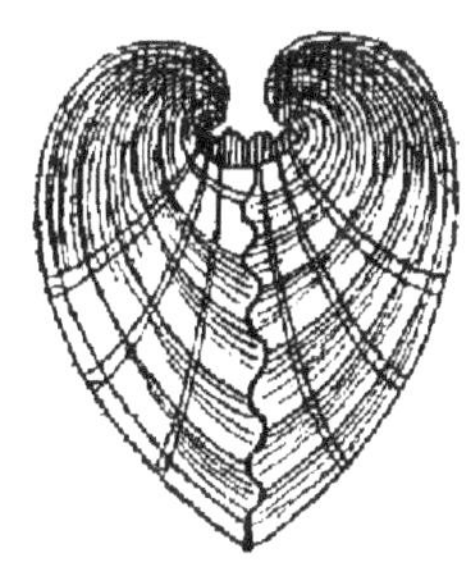

Fig. 147. — Cardita planicosta.

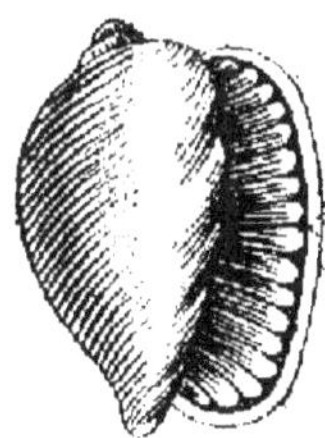

Fig. 148. — Marginella ovulata.

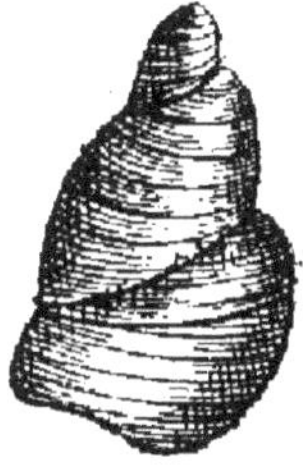

Fig. 149. — Calyptræa trochiformis.

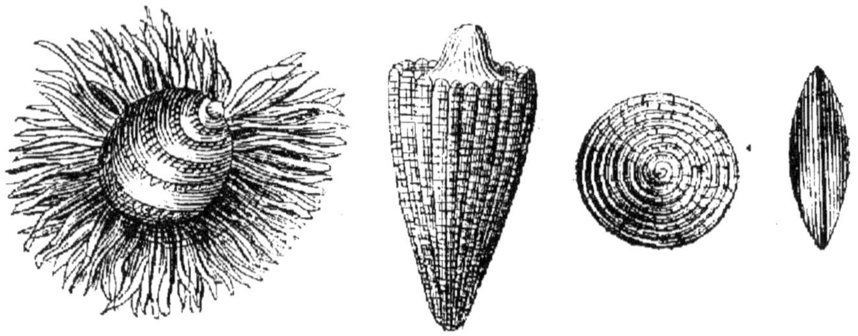

Fig. 150. — Chama lamellosa. Fig. 151. — Turbinolia sulcata. Fig. 152. — Nummulites laevigata.

Miocène. — C'est l'étage moyen du terrain tertiaire ; il présente aux environs de Paris le groupement suivant :

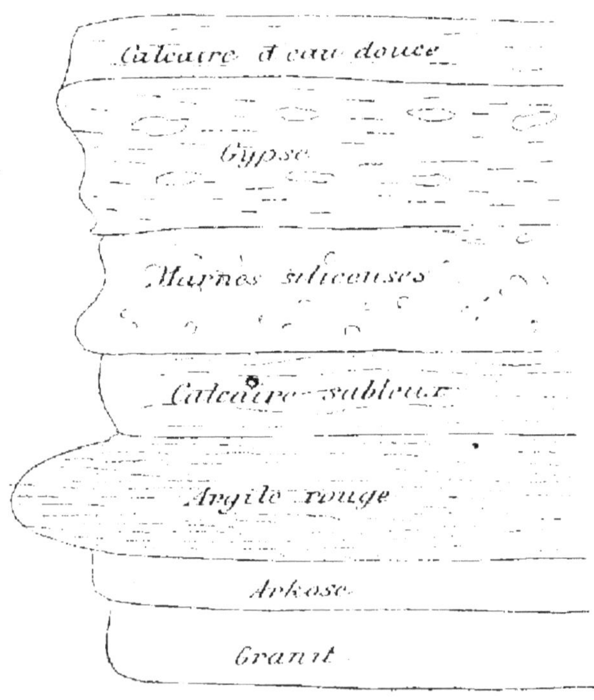

Fig. 153. — Coupe de la Limagne.

Miocène à Paris.	Falun de Touraine.	Amas de débris de coquilles d'eau salée et d'eau douce. Restes de mammifères (rhinocéros et mastodontes).
	Argiles à meulières coquillières.	
	Calcaires de la Beauce.	
	Grès de Fontainebleau.	
	Calcaire marneux, sables.	

L'étage miocène est remarquable par ses amas de débris et de coquilles (dépôts coquilliers de Bordeaux, de Turin, de Vienne) ; il paraît manquer à Londres.

On y trouve comme fossiles :

Nummulites intermedia.
Planorbis evomphalus.
Chara medicagenula.
Balanus crassus.
Rostellaria.
Pecten pleuronectes.

Feuilles d'ormes.
Comptonia acutiloba.
Un insecte.
Dynotherium giganteum (mammifère).
Mastodontes.

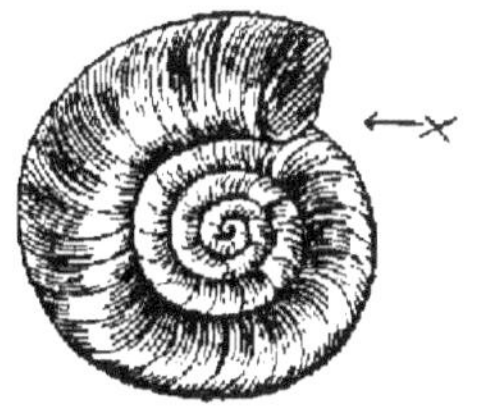

Fig. 154. — Planorbis evomphalus.

Fig. 155. — Chara medicagenula.

Fig. 156. — Balanus crassus.

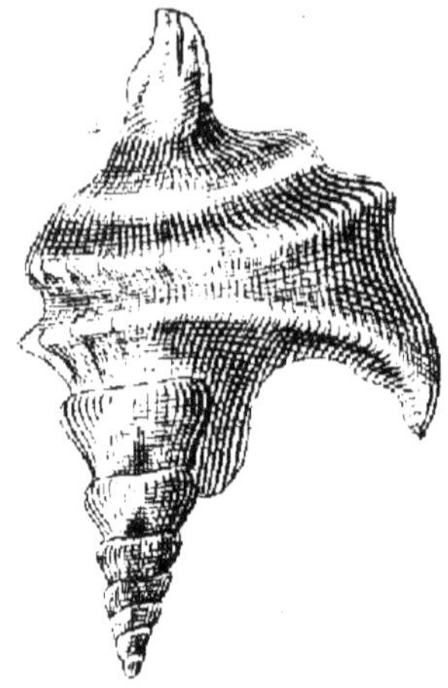

Fig. 157. — Rostellaria.

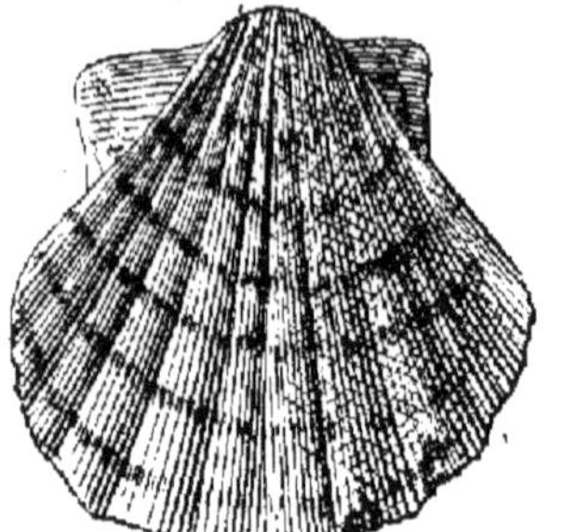

Fig. 158. — Pecten pleuronectes.

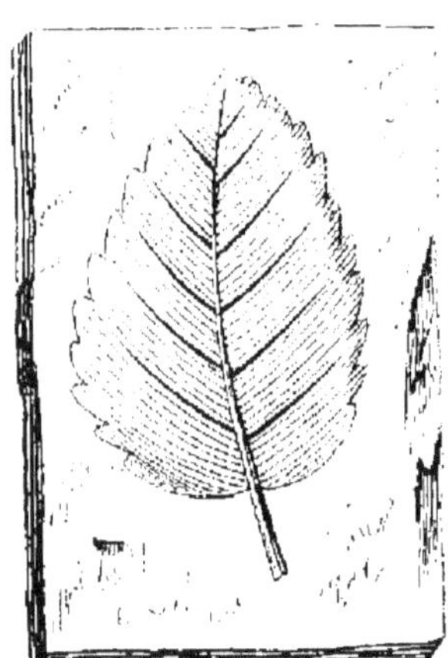

Fig. 159. — Feuille d'orme.

Fig. 160. — Comptonia acutiloba.

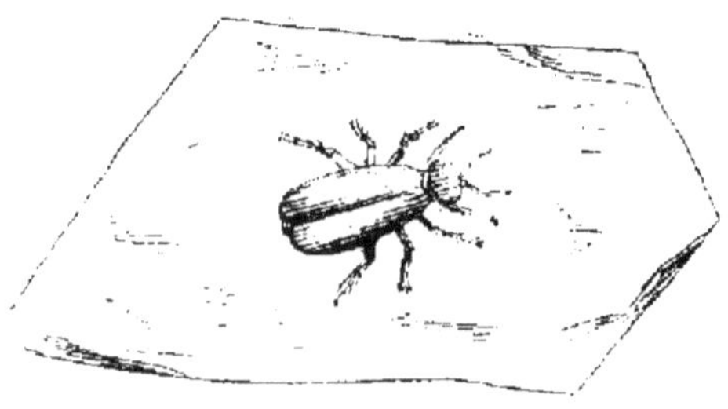

Fig. 161. — Insecte.

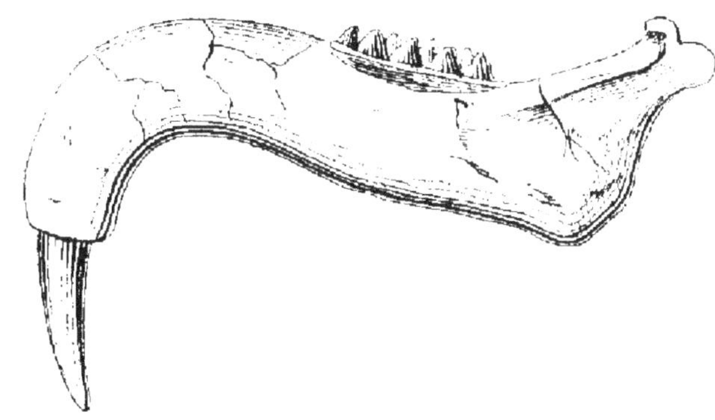

Fig. 162. — Mâchoire inférieure du Dynotherium giganteum.

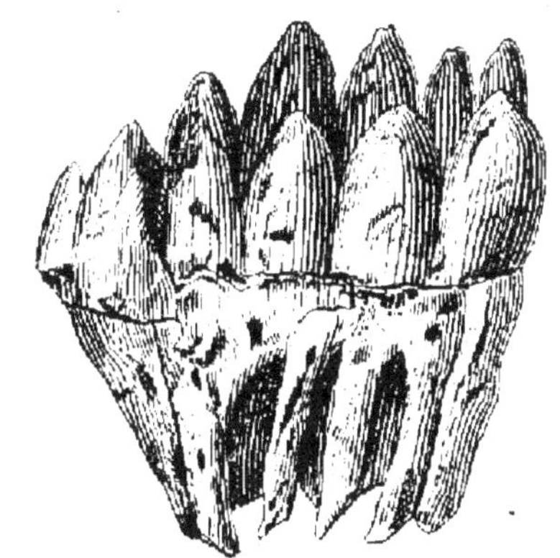

Fig. 163. — Dent de Mastodonte.

Pliocène. — Cet étage manque à Paris. Très développé dans les Apennins, où il forme des séries de collines ; de là son nom « terrain subapennin ».

En Angleterre, il est représenté par deux étages.

Crag supérieur de Norwich. — Dépôts d'argiles et de graviers dans lesquels on trouve les restes de Mammifères (éléphants, rhinocéros, chevaux, cochons, ainsi que des coquilles dont quelques espèces vivent dans la mer du Nord).

Crag inférieur de Suffolkshire. — Crag rouge, coloré par la limonite, crag corallin ou à polypiers.

Aux Apennins, il se présente comme suit :

Pliocène........ { Conglomérats. Grès et sables. Argiles et marnes.

On trouve comme fossiles :

Elephas antiquus (mammifère).
Rhinoceros tichorinus.
Chevaux.
Cochons.
Fusus contrarius.
Cypræa coccinelloïdes.
Pleurotoma rotata.
Buccinum prismaticum.
Voluta Lamberti.
Murex alveolatus.
Astarte Basteroti.

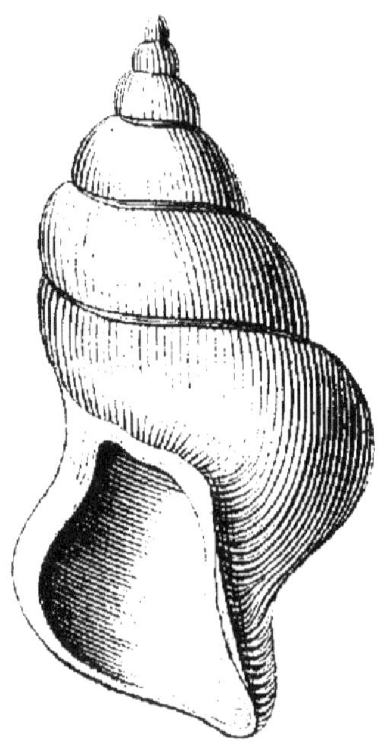

Fig. 164. — Fusus contrarius.

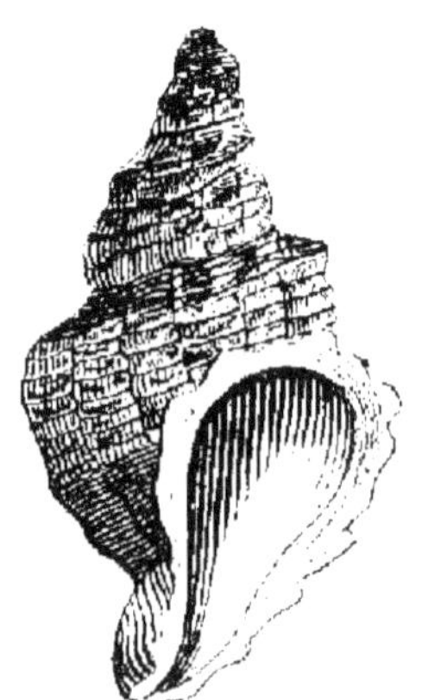

Fig. 165. — Murex alveolatus.

Fig. 166. — Cypræa coccinelloïdes.

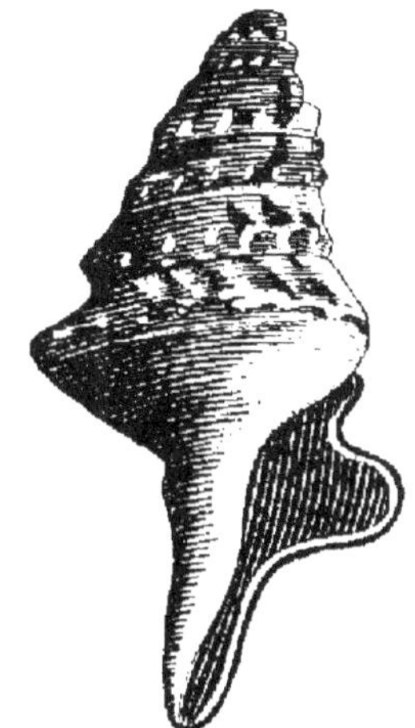

Fig. 167. — Pleurotoma rotata.

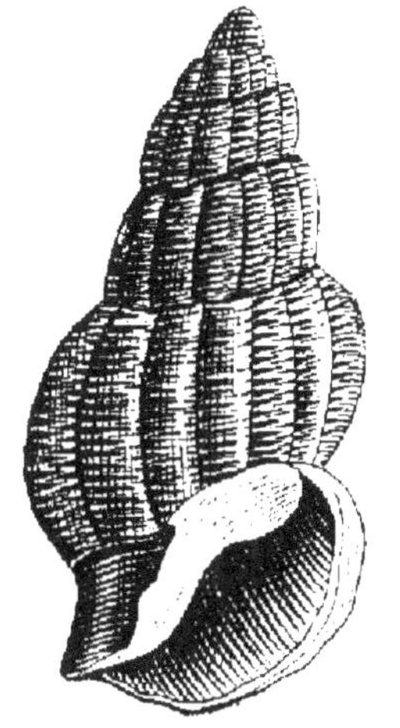

Fig. 168. — Buccinum prismaticum.

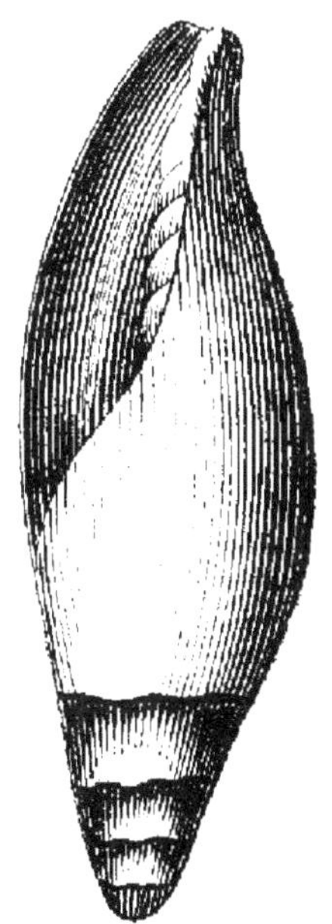

Fig. 169. — Voluta Lamberti.

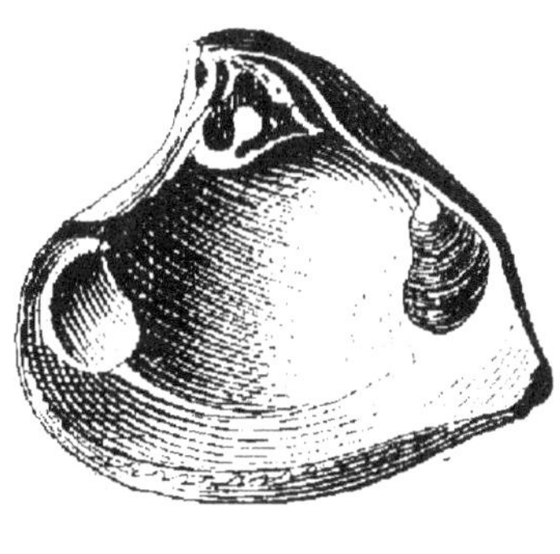

Fig. 170. — Astarte Basteroti.

TERRAINS QUATERNAIRES.

Au-dessus de l'étage pliocène, on rencontre des terrains de formation plus récente et généralement composés de matières meubles, de débris de roches accumulés dans des vallées plus ou moins profondes.

Ils sont parfois traversés par des basaltes.

On y rencontre assez souvent des blocs erratiques d'un volume considérable (dans le Jura). On trouve au-dessus de Neufchâtel des blocs roulés dans des sables à une altitude supérieure à 600 *mètres* au-dessus de la mer.

Certains de ces blocs atteignent un poids d'environ 15,000 tonnes.

Dans d'autres endroits ces blocs semblent avoir protégé le calcaire contre l'action des eaux.

Dans la vallée du Rhône, ils forment des étages qu'on avait attribués à l'extension des glaciers.

Les terrains quaternaires comprennent :

Limons.
Diluvium.
Dépôts des cavernes.
Brèches osseuses
Travertin.

Dépôts de limons. — Ce sont :

Les dépôts de la Picardie (*jaunes*).

Limons de Paris (*limons à briques*).

Le limon appelé « Ergeron » par les ouvriers du Hainaut.

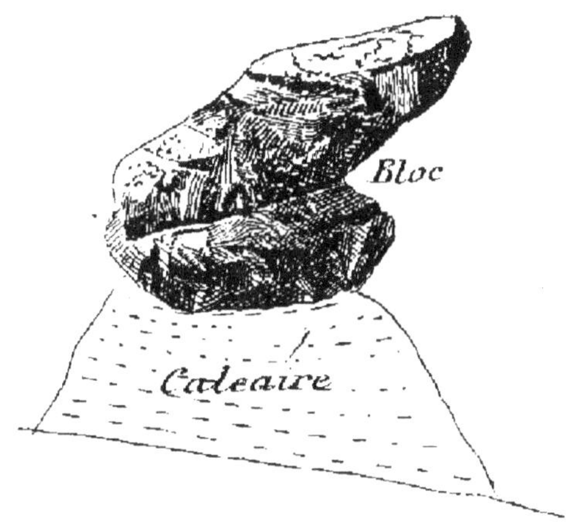

Fig. 171.

Diluvium. — Étage composé de sables, graviers et cailloux roulés, dans lesquels on trouve le fer en grains (minerai en globules); des pépites d'or et de

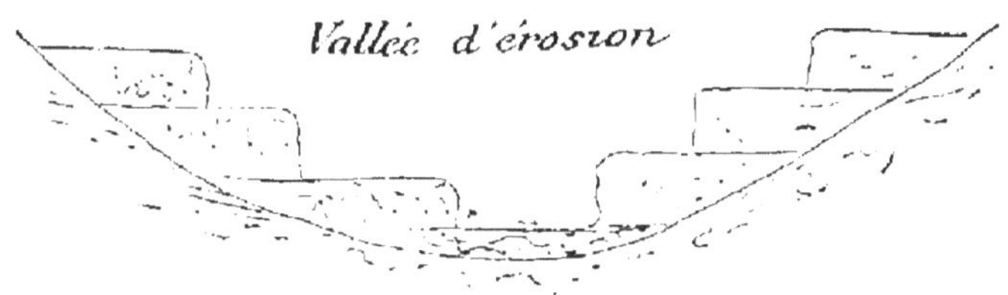

Fig. 172.

platine, enfin des pierres précieuses, notamment le saphir, le rubis et même le diamant.

Les dépôts des cavernes renfermant des ossements et des outils du premier âge : silex, bois de renne taillés, etc., etc.

Les brèches osseuses sont des filons renfermant une quantité considérable de débris d'animaux, ruminants et rongeurs (cerfs, lapins, etc.).

On les a principalement observés sur le littoral de la Méditerranée.

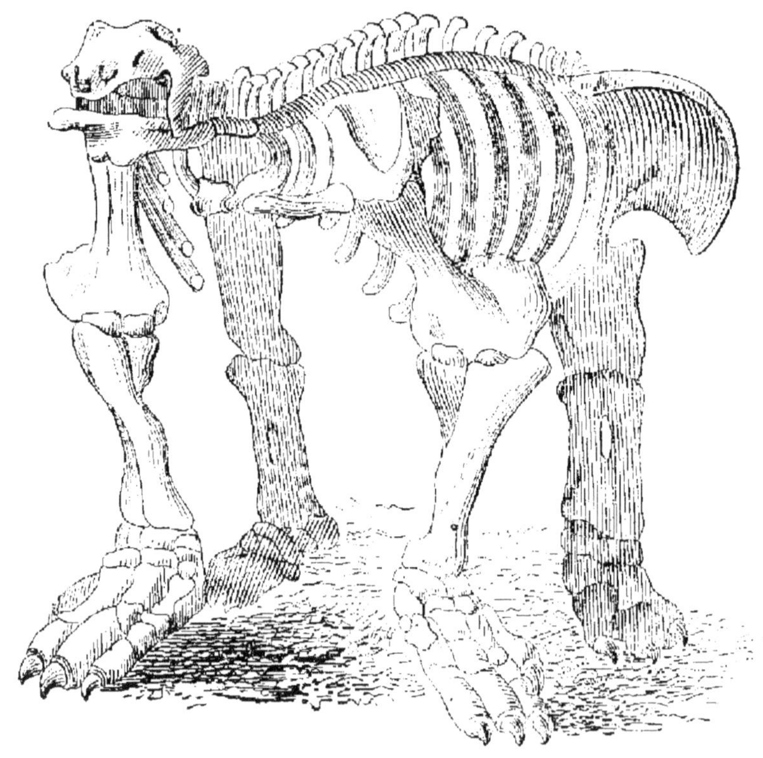

Fig. 173. — Megatherium Cuvieri.

Longueur........ 4 mètres. | Hauteur.......... 2 mètres.

Le travertin formé de calcaire concrétionné, exploité pour faire de la chaux.

Comme fossiles, on trouve dans les terrains quaternaires, avec des restes humains, quelques espèces modernes ainsi que d'autres espèces ayant disparu de ces lieux (Europe).

Notamment :

L'éléphas primigenius.
Le rhinocéros.
Le mégatherium Cuvieri.
L'hyena spelœa.

TERRAINS ACTUELS.

Leur formation est due aux causes qui nous entourent et qui agissent sous nos yeux.

Ils sont le résultat de transports et de dépôts marins, lacustres, fluvio-marins, madréporiques.

Ces terrains sont caractérisés par les restes de monuments et de corps organisés absolument semblables à ceux vivant actuellement.

La **terre végétale** est un dépôt superficiel de notre planète composé de sables argileux, de limon et de débris de végétaux et d'animaux (humus), ainsi que de fragments provenant de la désagrégation de roches voisines.

Les terres *végétales* ou *arables* sont celles qui sont propres à la culture.

On appelle terres *argileuses* celles où domine l'argile : *siliceuses* celles qui sont formées principalement de sables quartzeux ; *calcareuses*, celles où domine le carbonate de chaux.

Les **sables mouvants** recouvrent également une certaine étendue de la surface de la terre : certains de ces sables sont recouverts d'une croûte de sel qui est une cause de stérilité complète (déserts salés de la Perse et de l'Afrique).

Les **éboulis** sont des dépôts adossés aux montagnes et résultent de la désagrégation des roches.

Les **moraines** sont des dépôts dus aux mouvements des glaciers.

Les **alluvions** sont des débris très hétérogènes, accumulés sous forme de sables, graviers, cailloux roulés (galets), et déposés par les rivières.

La mer dépose aussi des alluvions sous forme de dunes, plages et dépôts marins de toute nature.

Le **tuf** est un dépôt calcareux très poreux produit soit par les eaux douces, soit par l'eau de mer.

Terrain madréporique. — On appelle terrain madréporique un dépôt formé par l'agglomération des parties solides d'animaux marins (madrépores).

Les **terrains tourbeux** sont le résultat de la décomposition de matières végétales.

Les fossiles que l'on trouve dans les terrains actuels sont de deux espèces :

1° Ceux qui appartiennent aux terrains plus anciens et entraînés par l'action des eaux ; ce sont des débris d'espèces non vivantes ;

2° Des débris d'animaux, coquilles, etc., etc., appartenant aux espèces vivant *actuellement*.

TABLE DES FIGURES

7..

TABLE DES MATIÈRES

10371-87. — Corbeil, Imprimerie Crété.

www.ingramcontent.com/pod-product-compliance
Lightning Source LLC
LaVergne TN
LVHW021846170726
843503LV00003B/1087

* 9 7 8 2 3 2 9 7 5 7 0 9 4 *